문버드

샌디에게

MOONBIRD: A YEAR ON THE WIND WITH THE GREAT SURVIVOR B95
by Phillip Hoose

문버드
지구에서 달까지, B95의 위대한 비행

필립 후즈 지음, 김명남 옮김

2015년 5월 18일 초판 1쇄 발행
2021년 3월 22일 초판 6쇄 발행

펴낸이 한철희 | 펴낸곳 돌베개 | 등록 1979년 8월 25일 제406-2003-000018호
주소 (10881) 경기도 파주시 회동길 77-20 (문발동)
전화 (031) 955-5020 | 팩스 (031) 955-5050
홈페이지 www.dolbegae.co.kr | 전자우편 book@dolbegae.co.kr
블로그 imdol79.blog.me | 트위터 @dolbegae79 | 페이스북 /dolbegae

책임편집 권영민 | 표지 디자인 형태와내용사이 | 본문 디자인 이은정·김동신
마케팅 심찬식·고운성·조원형 | 제작·관리 윤국중·이수민 | 인쇄·제본 상지사 P&B

ISBN 978-89-7199-658-4 44490
ISBN 978-89-7199-452-8 (세트)

책값은 뒤표지에 있습니다.

이 도서의 국립중앙도서관 출판예정도서목록(CIP)은 서지정보유통지원시스템 홈페이지(http://seoji.nl.go.kr)와
국가자료공동목록시스템(http://www.nl.go.kr/kolisnet)에서 이용하실 수 있습니다.
(CIP제어번호: CIP2015010308)

지구에서 달까지,
B95의 위대한 비행

문버드

필립 후즈 지음 | **김명남** 옮김

돌베
개

A Year on the Wind with the Great Survivor B95

MOON BIRD

차 례

서문 · 9

인물 소개

이 새는 B95.

세상에서 가장 뛰어난 운동선수다. B95는 몸무게가 겨우 113그램이지만 평생 523,000킬로미터를 넘게 날았다. 지구에서 달까지 갔다가 반쯤 돌아오는 거리이다. B95는 산꼭대기만큼 높은 상공에서 먼 옛날부터 쓰였던 하늘길을 날아 번식지를 오간다. 그러나 오늘날 B95의 이동 경로 곳곳에 변화가 생겨 이 슈퍼버드는 어려움을 겪고 있고, 그가 속한 붉은가슴도요 아종亞種 루파 *rufa* 전체가 사라질 위기에 처했다. B95와 무리가 휴식을 취하고 연료를 보급하는 데 중요한 장소들, 말하자면 기나긴 연간 이동 경로에서 징검돌에 해당하는 장소들이 인간의 활동으로 변하고 있기 때문이다. 그런 장소와 그곳의 먹이가 계속 보존될 수 있을까?

아니면 B95와 루파들의 비행은 조만간 끝이 날까?

서문

B95는 느낀다. 뼈와 날개가 떨리는 것을. 때가 되었다. 오늘은 그가 다시 한 번 공중으로 몸을 던지고, 나선을 그리며 구름 위로 오르고, 몸을 기울여 바람을 타며, 새로 털갈이한 비행깃을 실전에서 써 볼 날이다. 그는 몇 주 동안 시험 비행을 해 왔고, 이제 준비가 되었다고 느낀다. 그동안 B95는 물이 차올라 먹이를 먹을 수 없는 시간에는 매일같이 날개의 깃가지를 하나하나 다듬어 갈라진 틈이 없도록 완벽하게 손질했다. 이제 바람이 날개를 갈라 속도를 늦출 일은 없다. B95는 벌레, 조개, 홍합, 작은 갑각류를 게걸스럽게 먹어 연료를 최대한 채웠다. 몸속의 위성위치확인시스템GPS은 북쪽을 향해 맞췄다. 온 무리가 기대감으로 술렁인다. 다들 지저귀고 있다. 일부는 생애 최초의 비행을 기다리고 있다.

다음 몇 달 동안, 3월에서 6월까지, B95와 무리의 친구들은 세계의 바닥에서 꼭대기까지, 펭귄의 땅에서 북극곰의 나라까지 날아갈 것이다. B95는 밤낮으로 날 것이다. 평생 그에게 단백질을 공급했던 몇 군데 정기적인 연료 보급지에 방문할 때만 땅으로 내려올 것이다. 정거장에 도착할 때면 무지막지하게 배가 고플 테고, 불과 며칠 전보다 몸무게가 훨씬 덜 나갈 것이다. 그러나 만일 그곳에 먹이가 있다면, 그리고 B95가 그것을 먹을 수 있

다면, 그는 살아남을 것이고 연료를 다시 채울 것이고 계속 날아갈 것이다.

B95는 붉은가슴도요 중 루파라는 아종이다. 루파는 개똥지빠귀만 한 섭금류(다리, 목, 부리가 모두 길어서 물속에 있는 물고기나 벌레 따위를 잡아먹는 새를 통틀어 이르는 말-옮긴이)이다. 유선형 날개는 팔꿈치에서 뒤로 꺾여 있고, 끝으로 갈수록 가늘어진다. 북반구가 봄과 여름일 때 B95의 가슴과 얼굴은 대부분 밝은 적갈색을 띠며 등에도 군데군데 붉그레한 깃털이 난다. 1년 중 나머지 계절에는 깃털이 바뀌어 온몸이 대체로 회색이나 흰색을 띤다.

B95라는 이름과 명성은 그의 왼발에 동여맨 오렌지색 플라스틱 플랙에 새겨진 문자와 숫자 조합에서 왔다. B95는 부리가 길고 가슴이 탄탄한 완벽한 몸매의 수컷이다. 그가 이례적으로 긴 약 20년의 인생을 사는 동안 과학자들은 그를 네 번 붙잡아서 검사했고, 그 밖에도 쌍안경이나 관측용 스코프로 수십 번 목격했다. B95는 나이가 대단히 많고 수많은 어려운 여행에서 살아남았기 때문에 세계에서 제일 유명한 섭금류로 이름을 알리게 되었다.

그러나 여행을 반복할수록 B95와 함께 하늘을 누비는 친구들의 수는 줄고 있다. 과학자들이 아직 어렸던 B95에게 처음 밴드를 달았던 1995년,

과학자들은 붉은가슴도요 루파의 개체수를 약 15만 마리로 추정했다. 그러나 2000년 무렵부터 이 새들은 수천 마리씩 죽어 가기 시작했다. 왜일까? 증거에 따르면, 새들의 거대한 순회 여행 도중에 놓인 기착지들의 환경이 갑작스레 변했다. 심지어 새들이 나는 공기도 변했다. 그중에서도 아주 중요한 델라웨어 만의 먹이 공급이 감소한 것이 특히 문제였다. B95의 고난, 나아가 붉은가슴도요 루파 전체의 고난은 우리에게 자연보호에 관한 중요한 질문을 던진다. 과연 인간과 철새는 공존할 수 있을까?

우리는 얼른 답을 찾아야 한다. 전문가들은 붉은가슴도요 루파가 현재 2만 5,000마리도 채 남지 않았다고 본다. 그것은 곧 B95의 생애 중에 개체군의 80퍼센트 이상이 사라졌다는 뜻이다. 이렇듯 멸종의 그림자가 음울하게 드리운 점을 감안하면 B95의 긴 인생은 더더욱 있을 수 없는 일로 보인다. 과학자들은 이렇게 자문한다. 이 새는 어떻게 한 해 한 해 버티고 있을까? 다른 수많은 친구들은 하늘에서 떨어지거나 바닷가에서 사라져 버리는데.

B95의 굳센 성공을 본 사람들은 활동에 나섰다. 과학자, 자연보호 활동가, 연구자, 학생, 자원봉사자가 루파의 멸종을 막고자 세계적 연락망을

만들었다. 사람들은 세계 곳곳에 흩어져 있지만, 인터넷에 기반한 새로운 도구들을 이용해 실시간으로 소통하며 서반구 전역에서 붉은가슴도요들의 이동을 함께 쫓고 있다. 그것이 대단히 힘겨운 작업임을 사람들은 잘 안다. 그러나 B95와 마찬가지로 사람들은 결연하다.

바람이 새로 난 비행깃을 펄럭인다. 재잘대는 무리는 또 한 번 날아올라야 하는 계절을 맞아 긴장하고 있다. B95는 자신이 어디로 가야 할지, 무엇을 해야 할지 정확히 알고 있다. 그러나 북쪽으로 향하는 길에서 무엇이 자신을 기다리고 있을지는 모른다. 앞으로 6주 뒤 쫄쫄 굶주린 상태로 델라웨어 만에 도착했을 때, 그곳에서 투구게의 알로 만찬을 즐길 수 있을까? 예전에 우루과이에서 많은 새를 죽였던 적조 현상이 이들을 기다리는 것은 아닐까? 대서양 상공에 열대성 폭풍이 몰아쳐 B95가 경로에서 밀려나는 것은 아닐까? B95는 이곳 파타고니아 해변을 다시 볼 수 있을까?

무리가 술렁인다. 떠나려는 충동이 걷잡을 수 없이 커진다. 붉은가슴도요들은 한 몸처럼 날아오른다. 수백 마리가 빽빽한 대형을 이루어 회색과 붉은색 깃털을 번쩍이면서 마치 하나의 의지로 통제되는 것처럼 다 함께 나선을 그리며 구름 속으

로 솟는다. 새들은 연습 삼아 몇 번 원을 그린 뒤, 이윽고 위로 솟구쳐 북쪽으로

몸을 기울인다. B95와 동료들에게 또 한 번 비행의 계절이 돌아왔다.

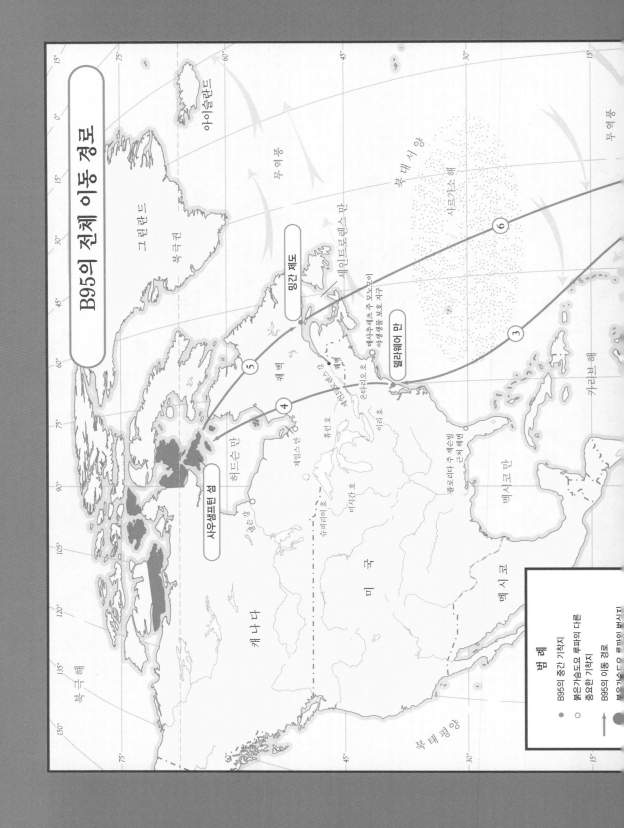

B95의 전체 이동 경로

범례

● B95의 중간 기착지

○ 붉은가슴도요 루파의 다른
중요한 기착지

→ B95의 이동 경로

붉은가슴도요 루파의 번식지

그린란드

북극권

아이슬란드

무역풍

무역풍

북 대 서 양

사르가소 해

세인트로렌스 만

망간 제도

매사추세츠 주 모노모이
야생생물 보호 지구

델라웨어 만

캐 벡

세인트제임스 강

온타리오 호

이리 호

플로리다 주 해수빅
근처 해변

멕시코 만

카리브 해

멕 시 코

미 국

이리 호

휴런 호

미시간 호

슈피리어 호

제임스 만

사우샘프턴 섬

허드슨 만

넬슨 강

캐 나 다

북 태 평 양

북 극 해

5

4

6

3

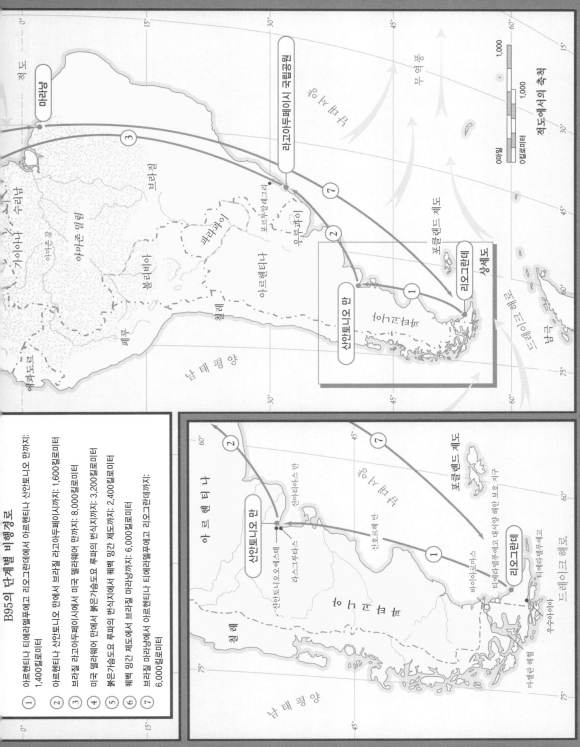

B95의 단계별 비행경로

① 아르헨티나 티에라델푸에고 리오그란데에서 아르헨티나 산안토니오 만까지:
1,400킬로미터

② 아르헨티나 산안토니오 만에서 브라질 라고아두페이아시까지: 1,600킬로미터

③ 브라질 라고아두페이아시에서 미국 델라웨어 만까지: 8,000킬로미터

④ 미국 델라웨어 만에서 붉은가슴도요 루파의 번식지까지: 3,200킬로미터

⑤ 붉은가슴도요 루파의 번식지에서 캐벨 밍간 제도까지: 2,400킬로미터

⑥ 캐벨 밍간 제도에서 브라질 마라낭까지: 6,000킬로미터

⑦ 브라질 마라낭에서 아르헨티나 티에라델푸에고 리오그란데까지:
6,000킬로미터

B95의 이동 경로는 놀랍게도 지구의 바닥에서 꼭대기까지 올라갔다가 도로 내려온다.
매년 이동하는 거리는 약 29,000킬로미터다.

A Year on the Wind with the Great Survivor B95

MOON BIRD

슈퍼버드

2009년 10월에서 2010년 2월까지,
아르헨티나 티에라델푸에고의 리오그란데 근처 해변

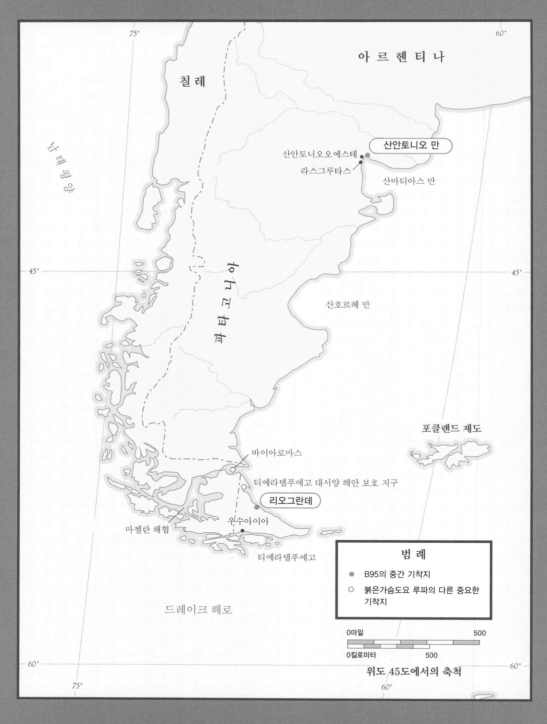

붉은가슴도요 루파의 약 60퍼센트는 10월에서 이듬해 2월까지 남아메리카 대륙 남단인 파타고니아 지역이나 그보다 더 남쪽의 티에라델푸에고 섬들에서 머무른다. 파타고니아는 아르헨티나와 칠레에 걸쳐 있다.

물새들이 까마득히 오랜 옛날부터 그랬던 것처럼

파도가 부서지는 해변을 휩쓸며 오르락내리락 날아다니는 모습을

보는 것은…… 지구에서 가장 불후의 존재라고 말해도 좋을

생명을 알게 되는 것이다.

− 레이철 카슨

2009년 12월 8일, 아르헨티나 티에라델푸에고의 리오그란데

노트북컴퓨터에 따르면, 나는 집에서 10,961킬로미터 떨어진 곳에 와 있다. 남아메리카 대륙 남단 티에라델푸에고 제도의 작은 도시 리오그란데에 막 도착한 참이다. 나는 붉은가슴도요 루파의 월동지에 모인 국제적 과학자 집단에 합류하고자 왔다.

지금까지 살면서 집에서 이렇게 멀리 온 것은 처음이다. 그저께 밤에는 세계에서 제일 남쪽에 있는 도시인 아르헨티나 우수아이아에서 잤다. 우수아이아의 즐길 거리로는 펭귄 구경하기, 빙하에서 하이킹하기, 쌍동선을 타고 남극으로 여행하기, '세계의 끝 박물관' 관람하기가 있다. 우리 렌터카가 덜덜거리면서 지나가자 라마를 닮은 과나코 몇 마리가 관목 덤불에서 고개를 들고 쳐다보았다. 머리 위에서는 콘도르들이 연 같은 날개로 까마

불의 땅 티에라델푸에고

붉은가슴도요 루파가 10월에서 2월까지 머무를 장소로 고른 곳은 외지기로 유명한 지역이다. 티에라델푸에고는 좁은 바닷길을 사이에 두고 남아메리카 대륙과 떨어진 제도다. 혹독한 바람과 위험한 해류로 유명한 그 바닷길은 마젤란 해협이라고 불린다. 섬들 중 제일 큰 그란데 섬에서도—일부는 칠레에, 일부는 아르헨티나에 속한다—리오그란데와 우수아이아에만 사람이 산다. 둘 다 아르헨티나 땅이다. 1520년 페르디난드 마젤란은 아시아의 향료 제도(지금의 인도네시아 말루쿠 제도-옮긴이)로 가는 바닷길을 찾던 중 그 해협을 통과하면서 원주민들이 곳곳에 불을 피워 놓은 것을 보았다. 그래서 그곳에 '티에라델푸에고', 즉 '불의 땅'이라는 이름을 붙였다. 1831년 자연학자 찰스 다윈이 승선했던 비글호는 그곳을 더 꼼꼼하게 조사했다. 그러나 티에라델푸에고에 유럽인이 최초로 정착한 것은 1871년이었다. 그 후 원주민들은 홍역이나 천연두 같은 질병에 걸려 삽시간에 죽어 갔다. 그런 병에 대한 면역이 없었기 때문이다. 포로가 되어 갇힌 사람도 있었다. 오늘날 티에라델푸에고에서는 스페인어를 쓴다. 우수아이아는 모험가들이 즐겨 찾는 여행지이고, 남쪽으로 약 1,000킬로미터 떨어진 남극으로 건너가는 경유지이기도 하다.

득히 높이 솟구쳤다. 나는 여유가 빠듯한 비행기 연결 편을 놓치지 않으려고 종종거린 데다가 스물네 시간 동안 비행기를 타고 오느라 잠이 부족했지만, 내가 여행한 거리는 붉은가슴도요가 매년 이동하는 거리의 3분의 1밖에 안 된다는 사실을 스스로에게 상기시켰다.

지금 세상은 어디나 12월이다. 그렇다고 해서 어디나 겨울은 아니다. 매년 29,000킬로미터를 날아 서반구를 종단하는 철새에게 **겨울**이란 상대적 개념이다. 여기 아르헨티나의 남단에서는 계절이 남반구의 여름이다. 한밤중에도 블라인드 가장자리로 희부연 빛이 비춰 들고, 오전 6시에는 벌써 태양이 작열한다. 거센 바람이 하루 종일 바깥의 잡목을 뒤흔들고, 건물 입구의 양철 간판을 달그락달그락 흔든다.

붉은가슴도요들은 머나먼 북극에서 번식을 마친 뒤 이곳으로 내려온다. 과학자들이 추측하기로는 전체 루파 개체수의 60퍼센트에 달하는 수천 마리가 황량하고 바람 센 이곳 해변에서 10월에서 2월까지 몇 달을 난다. 나는 토론토 대학에서 생태학과 진화생물학을 가르치는 앨런 베이커 박사와 아르헨티나의 유명 섭금류 전문가 파트리시아 곤살레스가 조직한 연구진에 합류하지

▶ 내가 티에라델푸에고에서 만난 펭귄과 인사하고 있다.

않겠느냐는 초대를 받고 왔다. 여기 티에라델푸에고에서 우리는 '포획'을 시도할 것이다. 리오그란데 근처 대서양 해변에 찾아든 붉은가슴도요들에게 밴드를 묶고 조사하겠다는 뜻이다. 최근 아주 짧은 시간 만에 루파 개체수가 급감했기 때문에, 과학자들은 이곳에 붉은가슴도요가 몇 마리 있고 그중 몇 퍼센트가 새끼인지를 알고 싶어 한다. 과학자들은 포획한 새들 중 새끼의 비율이 평소보다 높기를 바란다. 그것은 지난 번식기가 성공적이었다는 뜻이기 때문이다.

식사 후, 앨런과 파트리시아가 오늘 아침에 포획을 시도할 거라고 모두에게 알린다. 여기에서

붉은가슴도요는
왜 그렇게 멀리 여행할까?

"모든 야생동물의 삶은 먹이를 중심으로 돌아갑니다." 클라이브 민턴 박사의 말이다. "붉은가슴도요가 북극으로 가는 것은 그곳에 몇 주 동안 짧게나마 먹이가 엄청나게 많기 때문입니다. 공간도 넓어서 모든 쌍들이 자신만의 번식 영역을 정하고 그곳에서 먹이를 잡아 새끼를 먹일 수 있습니다. 게다가 거의 하루 종일 빛이 있어서 먹이를 잘 볼 수 있습니다. 그런 먹이 공급원을 위해서라면 이동의 위험을 무릅쓸 가치가 있지요. 그러나 8월 초가 되면 겨울이 오기 전에 그곳에서 빠져나와야 합니다."

"붉은가슴도요는 바닷물이 들고 나는 세계 곳곳의 해변에서 먹이 찾는 법을 익혔습니다. 그래서 짝짓기가 끝나면 대부분은 티에라델푸에고 같은 남쪽 해변으로 돌아옵니다. 그곳에서 개펄에 묻힌 조개나 벌레를 먹을 수 있고, 이제는 그곳이 여름이기 때문에 낮이 길어서 먹이를 잘 볼 수 있지요."

"만일 새들이 남반구에 오지 못하게 막는다면, 북반구에 있는 먹이만으로는 충분하지 않을 겁니다. 새들이 멀리 이동하게 된 것은 그 때문입니다. 새들은 그렇게 멀리 이동함으로써 자기 종의 총 개체수를 극대화한 것입니다."

파타고니아 레스팅가 지역을 조감한 모습.

몇 킬로미터 떨어진 해군 관사—해안 경비대의 기지로 쓰는 요새 같은 건물이다—근처 해변에서 붉은가슴도요의 큰 무리가 목격되었다고 한다. 운이 좋다면 우리는 사출 포획망으로 잽싸게 새들을 붙잡아 밴드를 차지 않은 새에게는 밴드를 채우고 각각의 나이, 성별, 무게, 깃털 상태, 부리 길이, 전반적인 건강 상태를 측정하고 기록한 뒤 도로 놓아줄 것이다.

우리는 포획망, 발사포, 기타 등등의 장비를 차에 챙겨 문제의 해변으로 갔다. 우리가 붉은 그물망을 해변에 펼치려고 용쓰는 동안 앞바다에서 불어온 바람이 옷자락을 집요하게 쥐고 흔들었다. 나는 모래 둔덕으로 올라가 손으로 차양을 치고 해변과 그 너머 반짝거리는 바다를 실눈으로 둘러보았다. 반쯤 빠진 바닷물이 빠르게 돌아와서 바닥의 물길을 채우고 있다. 노출된 바다 바닥은 내가 지금까지 본 어떤 곳과도 다르다. 마치 납작한 적갈색 선반들이 차곡차곡 겹쳐진 포장 도로 같다. 그곳에 옴폭옴폭 무수히 파인 구멍에는 지난번 밀물 때 물이 여태 고여 햇빛에 반짝거리고 있다.

전문가들에 따르면 이 풍경에 포함되어 있는 먹이야말로 붉은가슴도요를 티에라델푸에고로 불러들이는 유인이다. **레스팅가**라고 부르는 이곳 바닥은 헐벗은 평원에서 바람에 날려 온 불그스레한 먼지가 조수의 무게에 단단히 다져진 것이다. 레스팅가 전체에 홍합이 빽빽하게 묻혀 있는데, 그 새끼를 치패라고 부른다. 치패는 껍데기가 완전히 굳지 않아 부드럽기 때문에 붉은가슴도요가 소화하기 좋다. 치패는 파도에 휩쓸려 가지 않을 정도로는 바닥에 단단히 붙어 있지만, 게걸스런 붉은가슴도요의 부리가 잡아당기는 힘에는 적수가 못 된다. 붉은가슴도요는 썰물 때 옴폭옴폭 파인 레스팅가에서 기계처럼 효율적인 동작으로 치패를 뽑아 먹고, 11월에서 1월까지 가장 많이 나타나는 다른 벌레와 조개도 잡아먹는다.

티에라델푸에고에 붉은가슴도요 루파가 꾀어드는 이유가 또 있다. 최남단 위도인 이곳은 가령 하루에 열두 시간 해가 떠 있는 적도보다 빛이 더 오래 비치기 때문에 새들이 먹이를 더 오래 볼 수 있다. 그래서 티에라델푸에고에서는 썰물로 바닷물이 빠지고 먹이가 훤히 드러나는 때가 하루 한

레스팅가를 가까이 본 모습.
보이는 구멍들마다 단백질이 풍부한 새끼 홍합이 묻혀 있다.

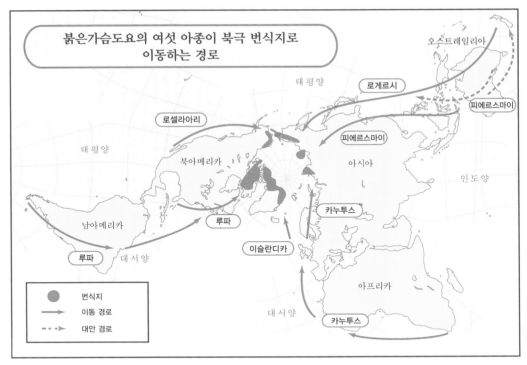

붉은가슴도요의 여섯 아종이 세계를 누비는 이동 경로.
번식기에는 모두 북극권으로 집결하지만 그곳에서도 아종마다 다른 영역을 차지한다.

B95: 칼리드리스 카누투스 루파

1753년 스웨덴 생물학자 칼 폰 린네는 세상의 모든 동식물 종에게 제각각 다른 라틴어 이름을 부여하는 체계를 개발했다. 린네의 체계는 일곱 부분으로 구성된다. 붉은가슴도요는 동물계Animalia에 속하고, 척추가 있다는 의미에서 척삭동물문Chordata에 속한다. 그리고 모든 새가 그렇듯이 조류강Aves에 속한다. 다음으로는 16개의 과와 314개의 종을 포함하는 큰 섭금류 집단인 도요목Charadriiformes에 속하고, 그중에서도 다리와 부리가 길고 몸이 날씬한 섭금류들을 지칭하는 도요과Scolopacidae에 속한다. 속도 도요속Calidris이다. 해변과 툰드라에 사는 도요들을 포함하는 집단이다. 카누투스canutus라는 종명은 린네가 직접 붙였다. 워낙 강력해서 한마디 명령으로 조수潮水를 멈출 수 있었다고 전해지는 덴마크 왕 크누트의 이름을 땄다.

붉은가슴도요에는 여섯 아종이 있다. 각각 로게르시rogersi, 피에르스마이piersmai, 카누투스canutus, 로셀라아리roselaari, 이슬란디카islandica, 루파rufa라고 부른다. 이중 '붉다'는 뜻인 루파가 바로 B95가 속한 아종이다. 과학자들은 여섯 아종이 모두 한 종에서 왔다고 본다. 원래 북극점 근처에 살았던 종이 기후가 추워지면서 더 따뜻한 곳을 찾아 남쪽으로 이동했다. 그 후 수천 년이 흐르면서 새들은 서로 다른 여섯 이동 경로로 갈라졌고, 결국 영원히 나뉜 아종으로 분리되었다. 이 글을 쓰는 시점에 붉은가슴도요 여섯 아종 중 루파만이 멸종이 염려될 만큼 개체수가 급감한 상태이다.

번이 아니라 두 번일 때가 많다. 먹이가 많을 뿐 아니라 새들이 먹이를 찾을 시간도 넉넉한 것이다.

우리는 나중에 그물을 활짝 펼쳐 줄 발사체들에 길쭉한 그물을 묶기 시작했다. 그러는 동안 나를 포함하여 섭금류 연구자들 모두가 흥분한 데는 또 다른 이유가 있었다. 세상에서 제일 유명한 섭금류를 만날지도 모른다는 기대감 때문이다. 전설의 B95는 지금까지 네 번 포획되었는데, 모두 그 새가 남반구 여름에 이곳 리오그란데 레스팅가에 들렀을 때였다. 우리는 이 순간에도 B95의 존재감을 느낄 수 있었다. 근처 잡초 뒤에 몸을 숨기고 발사포들의 소리 죽인 발사음이 터지기를 기다리는 동안, 우리 마음에는 이런 의문이 떠올랐다. 과연 B95가 아직 살아 있을까?

1995년: 검은 밴드

B95는 1995년 2월 20일 과학계에 데뷔했다. 그 새는 우리가 지금 있는 이 장소에서 목격되었다. 앨런 베이커 박사가 주관하고 이끈 캐나다 연구진은 그해에 붉은가슴도요들에게 밴드를 묶기 위해서 티에라델푸에고까지 날아왔다. 베이커 박사는 새들이 매년 왜 그렇게 멀리 날고 정확히 어떤 경로로 나는지 알고 싶었다. 그 경로는 어떻게 생겨났을까? 베이커 박사의 토론토 대학 동료 중 몇 명은 그렇게 멀리까지 가서 야생의 새들에게 밴드를 묶는다는 계획에 망설였다. 그들은 그보다는 오래된 방식을 선호했다. 새들이 캐나다를 통과하는 동안 총으로 쏴서 죽은 표본을 실험실에서 조사하는 방식이었다. 베이커 박사는 자신은 절대로 그렇게 하지 않겠다고 똑똑

히 밝혔다. "나는 이렇게 말했습니다. '동물을 수천 마리씩 죽이면서 어떻게 보존 생물학을 입에 올릴 수 있죠?'"

베이커 박사는 맨손으로 현장에 나섰다. 그는 붉은가슴도요를 잠깐 붙잡아서 가볍고 색깔 인식이 가능한 밴드를 다리에 묶은 뒤 도로 놓아주는 방법에 주력했다. 충분히 많은 새에게 밴드를 채울 수 있다면, 그리고 그 녀석들을 비행길 곳곳에서 다시 목격할 수 있다면, 새들이 나는 길과 들르는 장소를 분명히 알 수 있을 것이다. 더 많은 새를 잡아 밴드를 채우고 놓아줄수록 더 많은 데이터가 쌓이고 더 많은 단서가 나타날 것이다.

그러나 붉은가슴도요는 붙잡기가 아주 어렵다. 빵 조각으로 꾀어들일 수 있는 오리와는 다르다. 붉은가슴도요는 악명 높을 정도로 경계심이 많다. 그 새들은 먹이를 먹을 때 보초를 세운다. 보초가 단 한 번 경계의 울음소리를 내면 무리 전체가 퍼드덕 날아오른다. 베이커 박사는 적어도 300마리쯤 붙잡기를 바랐지만 방법을 알 수 없었다. 연구진은 조금이라도 가능성을 높일 요량으로 오스트레일리아의 클라이브 민턴 박사를 초빙했다. 이름난 금속 전문가인 민턴은 물새 포획법을 연마하는 데 평생을 바친 사람이었다. 민턴은 그물 달린 로켓을 발사포로 쏘아 올려 식사 중인 새 떼를 덮치는 기술을 개발했고, 이후 수십 년 동안 실험한 끝에 의심의 여지 없이 세계 최고의 전문가가 되었다. 세상에 붉은가슴도요를 잡을 수 있는 사람이 있다면 바로 클라이브 민턴이었다.

이른 아침 공기는 보통 푸근하기 때문에, 작업자들은 겉옷을 벗고 반바지와 티셔츠 차림을 했다. 오전 10시에 밀물이 들기 시작하자 큰 무리의 새들이 목표 영역에 몰려들었다. 민턴 박사는 테니스장만 한 그물을 발사했고, 그물은 공중을 휙 날아서 엄청나게 많은 물새를 덮쳤다. 대부분 붉은가슴도요였다. 사람들이 기대했던 것보다 훨씬 더 성공적인 포획이었다. 작업자들은 모래사장을 쏜살같이 달려서 파도로 뛰어든 뒤, 갇힌 새들이 익사하지 않도록 얼른 그물 앞쪽 끝을 그러모아 올렸다.

작업자들이 새들을 전부 그물에서 풀어내는 데는 두 시간이나 걸렸다. 그동안 기온이 차츰 떨어졌다. 그 동네 십대 아이들이 나타나서 새들이 담긴 우리 나르는 일을 도왔다. 작업자들이 새의 몸길이와 몸무게를 다 재고 풀어줄 때까지 새들이 차분하게 기다릴 수 있도록 우리에는 천이 덮여 있었다. 세 시간째가 되니 젖은 옷을 걸친 연구자들은 오

작업자가 그물에 걸린 붉은가슴도요를 풀어주고 있다.

들오들 떨기 시작했다. 때마침 발생한 거센 폭풍이 모두에게 우박을 내리붓더니 곧 눈송이로 바뀌었다. 추위에 꽁꽁 언 작업자들은 감각이 사라진 손가락을 어떻게든 놀려서 새들에게 밴드를 묶고 측정을 하고 데이터를 기록했다.

이때 아르헨티나 해군이 캔버스 천으로 덮인 트럭 두 대를 해변에 파견했다. 덕분에 과학자들은 트럭에 올라 작업을 마칠 수 있었다. 과학자들은 낮은 천장 아래에서 허리를 굽히고 웅크린 자세로 몇 시간이나 일했다. 새를 하도 많이 잡아서 색깔 밴드가 금세 동났다. 임시로 융통하는 수밖에 없었다. 과학자들은 트럭에서 찾아낸 검은 플라스틱 띠를 휴대용 버너로 녹여서 새에게 묶을 수 있을 만큼 부드럽게 만들었다. 연구자들은 버너 불

털갈이

많이 써서 낡은 비행깃이 빠지고 새 깃털이 나는 과정을 털갈이라고 부른다. 붉은가슴도요의 깃털은 정해진 순서에 따라 교체된다. **일차 깃털**—날개 바깥쪽 긴 깃털—은 안쪽부터 바깥쪽으로 하나씩 교체된다. **이차 깃털**—몸통에 가까운 깃털—은 바깥쪽부터 안쪽으로 하나씩 교체된다. 비행에 쓸 깃털이 늘 충분히 남아 있어야 하므로 깃털은 세심한 순서에 따라 빠지고 자란다. 붉은가슴도요가 일차 깃털을 다 가는 데는 약 60일이 걸린다. 비행깃은 1년에 한 번, 몸통 깃털은 1년에 두 번 바뀐다. 가을에 회색의 겨울 깃털이 났다가 봄에 붉은 번식기 깃털이 새로 돋는다.

가을에 포획된 이 붉은가슴도요는 1차 털갈이를 막 시작했다. 닳은 비행깃(연갈색)이 제일 안쪽부터 바깥쪽으로 순서대로 빠지고 피가 찬 새 '솜' 깃털이 나고 있다.

꽃에 연신 손가락을 그슬려 가며, 검은 밴드를 새의 오른쪽 다리 아래에 조심스럽게 두르고 양끝을 납땜인두로 붙였다. 왼쪽 다리 아래에는 노란 밴드를 맸다.

우리에게 B95라고 알려진 새는 그날 잡혔던 붉은가슴도요 850마리 중 한 마리였다. 그날 뻣뻣한 손가락과 쑤시는 등을 참으며 오들오들 떨던 어느 작업자가 그 새의 오른쪽 다리 아래쪽에 지금은 아이콘이 되어 버린 검은 밴드를 맸던 것이다. 그날 트럭에서 검은 밴드를 찬 붉은가슴도요 수백 마리 중 지금까지 생존이 확인된 개체는 B95뿐이다. 기록에 따르면 B95는 그때 이미 성체의 깃털을 갖고 있었다. 1995년에 최소한 세 살이었다는 뜻이다. 물론 그보다 더 나이 들었을 수도 있다.

2001년: 신원을 얻다

6년 뒤인 2001년 11월 17일. 1995년에 검은 밴드를 달았던 새 중 한 마리가 원래 잡혔던 장소로부터 불과 몇 킬로미터 떨어진 곳에서 다시 포획망에 걸렸다. 양다리에 묶인 밴드는 둘 다 온전했다. 파트리시아 곤살레스는 새의 왼쪽 다리 위에 B95라고 새겨진 플랙을 새로 더했다. 곤살레스는 이렇게 회상한다. "우리는 레이저로 새긴 플랙을 그날 처음 썼습니다. 한 마리 한 마리에게 고유의 신원을 부여하기 위해서 밴드마다 알파벳 하나와 숫자 두 개를 새겼죠. 글자는 관측용 스코프로 읽기 쉽도록 크고 또렷했어요. 그날 우리는 알파벳 A가 새겨진 밴드 100개를 다 쓰고도 새가 남았기 때문에 알파벳 B 밴드를 쓰기 시작했습니다. 그래서 그 새가 B95라는 플랙을 갖게 된 거지요. 95는 새가 처음 잡혔던 해를 뜻하는 것이 아닙니다. 어쩌다 보니 그 숫자를 묶게 된 것뿐이에요. 새가 처음 포획된 해가 1995년이었던 것은 우연의 일치죠."

2003년: 생존자

이제 그 새는 B95가 되었고, 앞으로도 영영 B95일 것이었다. 2003년에 티에라델푸에고에서 B95가 다시 모습을 드러냈을 때, 사람들은 그 새가 매년 길을 잘 찾아 돌아오는 뛰어난 비행사이기만 한 것이 아니라 그 이상임을 느끼고 있었다. B95는 생존자였다. 붉은가슴도요 루파 아종 전체가 가파른 멸종의 길로 접어들었기 때문이다. 미국, 칠레, 캐나다, 브라질, 아르헨티나 연구자 모두가 붉은가슴도요의 수가 급감했다고 보고했다. 2000년에서 2002년까지 불과 2년 사이에 성체의 **절반**이 죽었다고 추측하는 사람도 있었다. 그런데도 최소한 열한 살이 넘은 B95는 2003년에도 마라톤 비행을 무사히 완주했다. 이 새는 무언가 특별했다. 육체적 강인함, 비행 기술, 판단력, 행운을 보기 드물게도 골고루 갖춘 것 같았다.

2007년: 문버드

B95는 6년 뒤인 2007년 11월 8일 티에라델푸에고에서 또 잡혔다. 연구자들은 우선 새를 전부 그물에서 끄른 뒤, 몇 조로 나누어 밴드를 묶고 무게를 재고 몸길이를 측정하기 시작했다. 모든 조들은 환한 햇볕을 받으며 효율적으로 일했다. 기록할 통계 수치를 부를 때 말고는 이야기도 거의 나누지 않았다.

그 분위기가 깨진 것은 앨런 베이커가 "맙소사" 하고 중얼거린 순간이었다. 모두 고개를 들었다. 베이커 박사는 팔을 쭉 뻗은 채 엄지와 검지로 감싸 쥔 붉은가슴도요를 뚫어져라 보고 있었다.

"아래를 보았더니 1995년에 붙잡혔던 새라는 뜻인 검은 밴드와 B95라고 새겨진 플랙이 있는 게 아니겠습니까. 내가 그 녀석을 쥐고 있다는 걸 믿을 수 없었지요." 처음 그 새를 만난 이래 12년이 흐르는 동안 베이커 박사의 머리카락은 하얗게 세었다. 그러나 B95는 나이를 모르는 것 같았다. 베이커 박사는 이렇게 회상했다. "새는 상태가 완벽했습니다. 몸무게는 딱 적당했습니다. 깃털도 훌륭했습니다. 세 살짜리 새처럼 다부졌습니다. 내

2007년 11월 8일 리오그란데에서 잡혔던 B95. 번식기가 아니라서 깃털이 회색이다.

밴드와 플랙

밴드는 새의 다리에 두르는 가벼운 고리를 말한다. 관찰자는 밴드를 보고서 새가 예전에 잡힌 적 있다는 사실을 알 수 있다. 최근에는 색깔 부호를 통해서 어느 나라에서 잡혔는지도 알 수 있다.

플랙은 식별표가 튀어나와 있는 밴드를 말한다. 식별표에는 (B95처럼) 알파벳과 숫자 조합이 새겨져 있어서 새의 신원을 확인할 수 있다. 플랙에 기호가 새겨져 있다면 관찰자는 새를 꼭 붙잡지 않아도 멀리서 쌍안경이나 관측용 스코프로 확인할 수 있다. 섭금류 플랙 색깔 체계에는 서반구 다섯 나라가 참여하고 있다. 캐나다(노랑), 미국(라임색), 브라질(파랑), 아르헨티나(오렌지색), 칠레(빨강)다.

전문가들은 새가 찬 밴드, 고리, 추적 장치의 총 무게가 몸무게의 4퍼센트를 넘지 않아야 한다고 권고한다.

손에 있는 새는 슈퍼버드였던 겁니다."

연구자들이 허겁지겁 일어나서 몰려들었다. 누군가는 카메라를 가지러 갔다. 깃털 발달의 전문가인 파트리시아 곤살레스는 자리를 비우는 것에 죄책감을 느꼈지만 도무지 참을 수 없었다. 베이커 박사의 손아귀에 문버드가 있지 않은가. '문버드'는 섭금류 애호가들이 B95에게 붙인 별명이었다. 지구 맨 밑에서 맨 위까지 서른 번 넘게 날아서 오간 베테랑이 거기 있지 않은가.

게다가 그 이상의 무언가가 있었다. "그 새는 **살아** 있었어요." 곤살레스는 지금도 회상하면서 목이 멘다. "여전히 살아 있었어요."

오래전 북극에서 태어났을 때, B95는 지구에 존재하는 약 15만 마리 붉은가슴도요 루파 중 한 마리였다. 현재는 전 세계 개체수가 그 절반에도 아래 그림을 보면 밴드를 찬 물새를 목격했을 때 어떻게 기록해야 하는지 알 수 있다. 당신이 해변에서 B95를 목격한다면 정보를 다음과 같이 메모할 것이다. REKN, 붉은가슴도요라는 뜻이다. FO(B95), 오렌지색 플랙에 B95라고 새겨져 있다는 뜻이다. O는 오렌지색 밴드가 있다는 뜻이고, b는 검은 밴드가 있다는 뜻이다. 마지막으로 −는 오른쪽 다리 위쪽에 아무것도 없다는 뜻이다. 전체 기록은 이렇게 하면 된다.

REKN FO (B95) | −
              o | b

왼쪽 위   오른쪽 위
왼쪽 아래   오른쪽 아래

기록할 정보
종
플랙 색깔
개체 번호
색깔 밴드(들)
다리 위치

왼쪽 위   오른쪽 위

왼쪽 아래 오른쪽 아래

위 그림에서는

REKN FL (XL) | O
              − | m

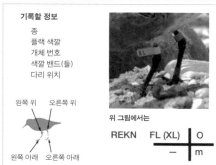

서반구에서 섭금류 표시에 쓰이는 플랙 색깔은 다음과 같다.

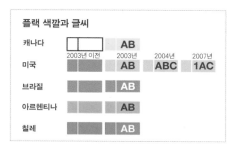

플랙 색깔과 글씨

	2003년 이전	2003년	2004년	2007년
캐나다		AB		
미국		AB	ABC	1AC
브라질		AB		
아르헨티나		AB		
칠레		AB		

턱없이 못 미친다. 우리가 신속히 무슨 조치를 취하지 않는다면 5년 안에 루파가 멸종하리라고 예측하는 사람도 있다.

B95를 측정하고 기록한 뒤, 앨런 베이커는 조심스레 새를 파트리시아 곤살레스에게 넘겼다. 곤살레스는 B95의 깃털을 점검했다. 번식기가 아니라서 깃털은 회색과 흰색이었다. 곤살레스는 털갈이가 얼마나 진행되었는지도 확인했다. 아직 시기가 일러서 털갈이는 시작되지 않은 상태였다. 곤살레스는 B95의 날개 밑에 가는 바늘을 꽂아 피를 약간 뽑았다. 나중에 분석했더니 B95는 수컷이었다.

새는 곤살레스의 손아귀에 침착하게 몸을 맡기고 있었다. 오히려 작업하는 곤살레스의 손이 떨렸다. "나는 계속 말을 걸었어요. 계속 말해 줬지요. '미안해, 다치게 하지 않을게. 곧 놓아줄게.' 작은 몸에서 나는 열이 내 손을 덥혔고, 새의 심장은 몹시 빠르게 뛰고 있었어요. 나는 작업하면서도 계속 속으로 묻지 않을 수 없었어요. '이다지도 연약한 생명이 어쩌면 그렇게 강할 수 있지?'"

B95는 왼쪽 다리 아래에 찼던 원래의 노란 밴드를 잃은 상태였다. 곤살레스는 대신 아

르헨티나를 뜻하는 오렌지색 밴드를 묶었다. 작업을 마치자, 새는 왼쪽 다리 위에는 B95 라고 적힌 오렌지색 플랙을, 왼쪽 다리 아래에는 오렌지색 밴드를, 오른쪽 다리 아래에는 오래된 검은 밴드를 매단 상태가 되었다.

내가 '재포획'된 붉은가슴도요의 무게를 적고 있다. 왼쪽 다리 위에 달린 오렌지색 밴드를 보면 이 새도 B95처럼 예전에 아르헨티나에서 잡혔다는 사실을 알 수 있다.

곤살레스는 마지막으로 오랫동안 새를 응시하고는 놓아주었다. 이 새는 놀라운 이야기를 얼마나 많이 알까! 이 작은 생명체가 어떻게 그 수많은 폭풍을 통과했을까? 내리 덮치는 매의 공격을 어떻게 매번 피했을까? 무엇보다도 수많은 친구가 낙오하는 와중에 어떻게 지금까지 꿋꿋이 살아남았을까?

파트리시아 곤살레스는 새를 떠나보내야 한다는 것을 잘 알았다. 곤살레스는 새의 다리에 묶인 밴드와 플랙을 정돈하고, 새를 쥔 손을 바다 쪽으로 쭉 뻗은 뒤, 손을 펼쳤다. 새는 공중에서 잠시 푸드덕거리면서 몸을 가다듬더니 금세 강력한 날개의 통제력을 되찾았다. 그리고 오른쪽으로 휙 꺾어 날아갔다. 그렇게 B95는 모두의 시야에서 사라졌다.

그로부터 2년이 지난 지금, 나는 과학자와 자원봉사자로 이루어진 소규모 연구진과 함께 아르헨티나 해변의 잡초 뒤에 쪼그리고 앉아 발사포가 펑 하고 터지기를, 그래서 B95를 만날 수 있기를 기대하고 있다. 드디어 소리가 터졌다. 우리는 쓰레기가 널린 잡초 덤불 사이를 지그재그로 달려 해변으로 질주했다. 그물 앞쪽을 바닷물에서 건져 그 밑에서 바글바글 바둥거리며 재재거리는 새들을 풀어 준다. 이후 우리는 온종일 새들에게 밴드를 묶고, 부리와 날개 길이를 재고, 피를 뽑아 성별을 확인하고, 나중에 컴퓨터에 입력할 통계 수치를 기록한다.

우리는 결국 붉은가슴도요 156마리를 잡았다. 그중 26마리는 '재포획'이었다. 이전에 포획된 적이 있어서 이미 밴드를 찬 새라는 뜻이다. 전체의 약 25퍼센트는 다리가 노랗고 회색 깃털 밑에 흰 초승달 무늬가 있는 어린 새였다. 난생처음으로 서반구를 한 바퀴 도는 여행에 나서서 막 여행의 절반을 마친 새들이었다. 플랙을 단 새들은 거의 모두 아르헨티나를 뜻하는 오렌지색 플랙이었지만 B95라고 적힌 것은 없었다. B95는 어디 있을까? 그물 밑으로 몸부림쳐 달아났을까? 저쪽 해변에서 먹이를 먹고 있을까? 올해는 좀 더 북쪽에 머무르기로 결정했나? 아니면 이윽고 살날이 다했을까?

앨런 베이커와 파트리시아 곤살레스는 이번 철에는 이렇게 한 번 많이 포획한 것으로 충분하다고 결정했다. 새들에게 더 이상 스트레스를 주고 싶지 않았고, 새들에게는 매일매일 북쪽으로의 여행을 준비하는 중요한 일이 있으니 더 이상 훼방하고 싶지 않았다. B95를 포획할 기회는 더 이상 없으니 우리의 유일한 희망은 누군가 예리한 눈으로 해변 망원경에서 녀석을 목격하는 것뿐이었다. 그러나 티에라델푸에고의 해변과 갯벌 수 킬로미터에 걸쳐 붉은가슴도요가 족히 수천 마리는 흩어져 있으니 확률은 미미해 보였다.

나는 12월 14일 월요일에 미국으로 돌아왔다. 여행에서 적은 메모를 입력하느라 컴퓨터 앞에 앉아 있는데, 이메일이 왔음을 알리는 희미한 종

소리가 울렸다. 파트리시아 곤살레스의 이메일이었다. 제목은 '운 비에호 아미고.' 스페인어로 '오래된 친구'라는 뜻이다.

이메일은 이렇게 시작했다. '어제 아침 말비나스 기념비에서 붉은가슴 도요들을 훑다가 B95를 목격했습니다. 새들이 다들 잽싸게 움직이고 있었기 때문에 처음에는 녀석이 있다는 걸 알아차리지 못했지만, 나중에 밴드의 조합을 확인했어요. 제가 얼마나 기뻤는지 상상이 가십니까!'

나는 의자를 밀며 번쩍 일어나서 그 소식이 전한 전율을 온몸으로 느꼈다. 녀석은 아직 살아 있다. 다른 붉은가슴도요 루파들이 그렇게 많이 사라졌는데도 B95는 티에라델푸에고에 살아 있었다. 한 해의 이맘때면 늘 그랬던 것처럼 레스팅가 바닥에서 치패를 뽑아 먹고, 새로 난 깃털을 다듬어 비행에 알맞게 손질하고, 다른 새들과 대형을 이루어 채찍을 휘두르듯 휙휙 방향을 바꾸는 비행을 연습하며, 또 한 번 북쪽으로 날아갈 태세를 갖추고 있었다. 그 여정을 B95보다 더 잘 아는 새는 한 마리도 없으리라. B95는 또 한 번의 마라톤 비행에서 살아남았고, 열여덟 살이 거의 다 된 몸으로 아마도 과거 어느 때보다 힘겨운 비행에 나설 채비를 하고 있었다. 정말로 '슈퍼버드'였다. 그뿐이랴. 이 새는 세상에서 가장 강인한 113그램짜리 생명일 것이다.

클라이브 민턴
섭금류 연구를 개척하다

1950년 여름, 잉글랜드 북부 해변에서 자전거를 타던 열여섯 살 소년 클라이브 민턴은 웬 물새 한 마리가 모래사장을 뱅글뱅글 달리는 모습을 보았다. 새는 유순해서 클라이브가 집어도 가만히 있었다. 그러나 눈높이에서 살펴보아도 무슨 새인지 알 수 없었다. 낙담한 소년은 해변에 연구 기지를 차려 두고 있던 저명한 섭금류 전문가 에릭 엔니온 박사에게 자전거로 새를 데려갔다. 엔니온 박사는 한눈에 세가락도요라고 알아보았다. "새끼로구나. 간밤에 그린란드 번식지에서 여기까지 날아온 모양이다."

두 사람의 든든한 협력 관계는 그렇게 시작되었다. 섭금류에 대한 공통의 애정을 바탕으로 하여 엔니온 박사와 클라이브 민턴은 물새를 붙잡아 밴드를 채움으로써 이동 경로를 밝히는 기법을 개발하기 시작했다. 섭금류는 경계심이 강하고 붙잡기 어려운 것으로 악명 높다. 이후 10년 동안 클라이브는 여름마다 학교 친구들을 이끌고 해변으로 가서 덫을 실험했다. 처음에는 육중한 '덫 그물'을 썼다. 그들은 경첩 달린 작대기에 얹힌 그물을 해변으로 끌고 가 설치했다. 새가 가까이 다가오면 숨어 있던 사람이 끈을 잡아당겨 그물을 펼쳤다. 그러면 한 번에 딱 한 마리만 잡을 수 있었다. "우리가 영국에서 최초로 섭금류에게 밴드를 묶었던 거죠." 민턴의 말이다.

그들은 덫 그물을 점점 더 크게 제작했지만 그럴수록 속도는 점점 더 느려졌다. 그래서 다음에는 '안개 그물'을 시도했다. 밤중에 미리 해변에 그물을 쳐 놓는 방법이

▲ 클라이브 민턴이 섭금류 중 덩치가 가장 큰 편인 마도요 두 마리를 안고 있다.

었다. 예전보다 새를 더 많이 잡을 수는 있었지만, 정보를 많이 알아내기에는 여전히 부족했다.

1959년에 민턴은 야생 거위 포획에 쓰는 로켓 사출식 대형 그물을 빌렸다. 그물이 어찌나 큰지 제대로 치는 데만 열두 명 가까이 매달려야 했다. 각각 14킬로그램 나가는 로켓 여섯 개를 특수한 코르다이트―천천히 타 들어가는 무연 화약―와 전기적으로 연결했고 거대한 그물과도 연결했다. 1959년 8월 18일 민턴과 동료들은 노섬벌랜드 해변에서 그물을 발사하여 물새 1,100마리를 잡았다. 그것은 역사상 가장 많은 섭금류를 한 번에 잡은 사건이었고, 그로부터 거의 즉각 유용한 지식이 생산되었다. 그날 영국에서 붙잡혀 밴드를 찬 붉은가슴도요 한 마리가 불과 닷새 뒤에 5,000킬로미터 넘게 떨어진 서아프리카에서 목격되었던 것이다.

1966년에 민턴은 흑색화약을 쓰는 사출 포획망을 개발했다. 그러나 하마터면 최초의 시험이 최후의 시험이 될 뻔했다. "발사체 하나가 밭을 가로질러 멀리 나무들을 뛰어넘고는 간선도로에 있던 농가를 향해 정통으로 날아갔지요." 민턴은 회상했다. "쿵! 하고 무지막지한 굉음이 울렸어요. 나는 생각했지요. 맙소사, 지붕에 떨어진 거야? 황급히 차에 올라 400미터쯤 달려갔습니다. 굵직한 느릅나무 가지가 길 한복판에 떨어져 있더군요. 하지만 농가는 말짱했습니다. 발사체가 집에 떨어졌다면 내 계획은 그 자리에서 끝장이 났겠지만, 다행히 빗나갔지요."

클라이브 민턴은 이후 수십 년 동안 사출식 포획망을 개량했다. 그가 개발한 여러 기기와 기법은 오늘날 전 세계 섭금류 연구자들이 요긴하게 쓰고 있다.

▶ 둥지에서 떨어진 왜가리와 함께 있는 열네 살 클라이브 민턴. 민턴은 매일 왜가리를 자전거 손잡이에 앉히고 근처 자갈 채취장으로 가서 먹이를 잡아 주면서 새가 건강해지도록 간호했다.

A Year on the Wind with the Great Survivor B95

MOON BIRD

비행 기계

3월 중순에서 5월까지, 아르헨티나, 브라질, 미국

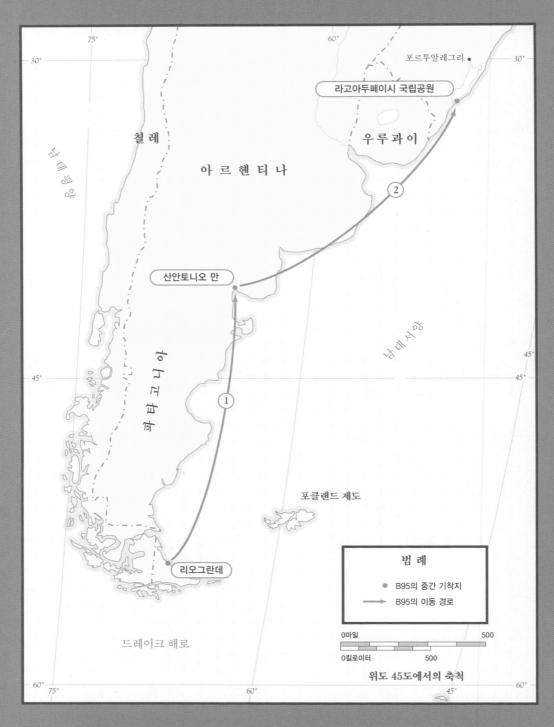

B95가 북쪽으로 날아갈 때 거치는 첫 두 단계를 표시한 지도. B95가 산안토니오 만이나 라고아두페이시에서 실제로 목격되거나 포획된 적은 없다. 그러나 두 곳 모두 붉은가슴도요들이 파타고니아 남부에서 북쪽으로 여행할 때 들르는 장소로 알려져 있다.

인간의 창의성이 다양한 발명을 만들어 낼지라도
자연의 발명보다 더 아름답고 단순하고 유용한 것은 해내지 못할 것이다.
자연의 발명품은 부족함도 넘침도 없다.

– 레오나르도 다빈치

보디빌더

B95는 어떻게 그렇게 멀리 날까? 비결은 놀라운 보디빌딩 묘기에 있다. B95는 2월 마지막 몇 주와 3월 초에 먹는 기계에서 나는 기계로 변신한다. 그 과정은 **'이제 떠나야겠다'**는 단순하고 강력한 충동에서 시작된다. 때맞춰 분비되는 호르몬—세포와 기관의 활동을 통제하여 행동을 지시하는 화학 물질—때문에, B95는 하늘에 쬐는 빛의 양이 나날이 줄어듦에 따라 점점 초조해진다. 북쪽으로 떠나고 싶어서 온몸에 좀이 쑤신다.

  B95의 최종 목적지는 파타고니아에서 약 14,000킬로미터 떨어진 캐나다 북극권 내, 억센 잡초와 빛바랜 돌멩이로 뒤덮인 땅이다. 지금 그곳은 눈에 파묻혀 있고 웅덩이는 꽁꽁 얼었겠지만 B95가 도착할 즈음이면—**만일** B95가 다시 한 번 성공한다면—북극은 먹이와 색깔과 빛이 흘러넘치는 상태일 것이다. 그곳에서 B95는 짝을 찾을 것이고, 운이 좋다면 다시 한

채찍을 휘두르는 것 같은 군무

붉은가슴도요는 곡예 같은 군무 비행을 한다. 수백 마리가 빽빽하게 뭉쳐 흡사 한마음으로 통제되는 것처럼 앞뒤 위아래로 빠르게 날며 획획 색깔을 바꿔 보인다. 새들은 티에라델푸에고에서 '월동'하는 동안 그런 비행을 연습하는 듯하다. 왜일까? 군무 비행은 포식자를 훼방 놓으려는 회피 전략이라는 가설이 있다. 특히 파타고니아 해변의 레스팅가 너머 절벽을 순찰하는 매를 피하기 위해서라는 것이다. 매는 새 떼에서 한 마리를 골라 낚아채려고 한다. 그런데 무리가 끊임없이 형상을 바꾸는 한 생명체처럼 난다면—공 모양이었다가 금세 물결치는 담요 모양으로 바뀌고 흰색이었다가 금세 갈색으로 바뀌어 어느 한 마리가 표적으로 부각되지 않는다면—모든 구성원이 매를 벗어날 수 있을지 모른다. 섭금류 전문가 브라이언 해링턴은 무려 3,000마리로 이루어진 떼가 엄격한 안무를 딱딱 맞추면서 오르락내리락 나는 모습을 보았다. '[그 모습은] 채찍을 철썩철썩 휘두르는 모습을 연상시켰다'고 해링턴은 적었다.

번 새끼를 낳을 것이다. 그러나 이 여행은 중간에 쉬지 않고 가기에는 너무 멀다. 개똥지빠귀만 한 붉은가슴도요는 여행에 필요한 연료 전부를 몸에 간직할 수 없다. 그러니 굶어 죽지 않으려면 여행을 몇 단계로 나누어서 도중에 들른 정거장에서 연료를 보급해야 한다.

이륙 몇 주 전부터 B95는 게걸스러운 허기를 만족시키려고 애쓴다. B95가 홍합 치패를 연신 집어삼키는 동안 그의 몸은 신속하게 먹이를 지방으로 바꾼다. 지방은 이상적인 비행 연료다. 같은 무게일 때 단백질보다 에너지를 여덟 배쯤 더 많이 간직한다. 또한 지방은 수분을 조금씩 내주기 때문에 B95가 물을 마시려고 도중에 쉴 필요가 없다. 연구에 따르면 지방이 많은 새일수록 야윈 새보다 더 빨리 날고 공중에 더 오래 머무를 수 있다고 한다.

먹이를 찾을 수 있는 순간이라면 쉴 새 없이 먹으면서 B95는 몸이 점차 부풀어 간다. 온몸 구석구석 남는 공간과 장기에 지방을 저장하기 때문이다. 연료를 많이 섭취할 수 있도록 위와 소화기관이 확장된다. (붉은가슴도요는 몸무게의 14배까지 먹을 수 있다. 몸무게 50킬로그램인 사람이 그렇게 하려면 300그램짜리 햄버거를 치즈와 토마토까지 2,300개나 먹어 치워야 한다.)

붉은가슴도요의 군무 비행.

B95는 출발 며칠 전까지 몸을 채우는 데 집중하다가, 어느 순간 노선을 바꾼다. 이제 B95는 좀 더 부드러운 먹이를 좀 더 조금 먹는다. 비행하는 동안 필요하지 않은 내장 기관은 줄어들기 시작한다. 간과 장이 쪼그라들고 다리 근육도 줄어든다. 딱딱한 먹이를 갈아서 소화를 돕는 모래주머니는 크기가 거의 절반으로 준다. 그러니 B95가 연료를 보충하려고 중간에 멈췄을 때는 부드러운 먹이만 먹을 수 있을 것이다. 이런 변화를 모두 마치면 B95의 몸무게는 30퍼센트 가까이 준 상태이다. 이제 B95의 몸은 짐스러운 것이라고는 1그램도 없이 오직 연료로만 채워져 있다. B95는 두툼해진 가슴팍을 뽐낸다. 그 속에는 두툼해진 비행 근육에게 피를 더 많이 펌

이륙할 때가 된 포동포동한 도요.

프질하기 위해서 예전보다 한결 커진 심장이 담겨 있다. 가슴 근육 힘줄은 동물계를 통틀어 가장 강한 조직에 해당할 정도로 튼튼해진 상태이다.

리오그란데에서 보내는 마지막 몇 시간 동안, 비행 기계로 탈바꿈한 B95는 초조하게 해변을 오가면서 마지막으로 한 번 더 치패를 배 속에 쌓는다. 불룩한 근육과 꽉 채운 연료로 무장한 B95는 비행에서 맞닥뜨릴 어떤 과제에도 다시 한 번 도전할 준비가 되었다.

이륙

늦은 오후, 티에라델푸에고 상공에 기상 전선이 형성되어 바람의 방향이 갑자기 북쪽으로 바뀐다. B95와 무리의 다른 새들이 술렁이기 시작한다.

어떤 새는 새된 소리로 운다. 그 소리가 다른 새들을 불러 모으는 듯하다. 곧 수백 마리가 짹짹거리면서 날아오른다. 그중에는 벌써 깃털에 붉은 기운이 도는 녀석도 있다. 새들은 날개를 파닥이며 한 덩어리로 날아오른다. 빽빽한 소용돌이를 그리면서 흡사 시시각각 형태를 바꾸는 기둥처럼 하늘로 치솟아 바람을 찾는다. 해변에 서서 보면 꼭 연기가 피어오르는 것 같다.

새 떼는 공중에서 몇 차례 앞뒤로 휙휙 난다. 정확한 경로를 설정하기 전에 방위를 확인하고 몸속 도구들을 조정하는 것이다. 일단 방향을 잡으면, 새들은 1초에 몇 번씩 세차고 리듬감 있게 날개를 치면서 공기를 가른다. 새들은 이제 최대한 빨리 날려고 애쓴다. 몸에 실은 묵직한 연료를 공중에 계속 띄워 두어야 하기 때문이다. 너무 천천히 날면 짐이 부담스러워져서 날개가 지치고 새는 떨어질 것이다.

B95의 날갯짓은 양쪽 날개의 모든 깃털을 일일이 다 활용하도록 정교하게 순서가 짜인 조직적 활동이다. 날개를 아래로 칠 때는 몸이 앞으로 추진되고, 위로 칠 때는 깃털이 공기를 밀어 양력을 만든다. B95와 동료들은 착실히 고도를 높여서 공기저항이 적은 높은 곳까지 도달한다. 강한 뒷바람이 새들을 밀어 시속 16킬로미터의 속도를 더한다. 오래지 않아 새 떼는 저 아래 파타고니아 해안 도로에서 엉금엉금 기는 자동차들의 속도를 넘어선다.

B95와 다른 붉은가슴도요들은 V자 대형을 취하고 번갈아 가며 선두를 맡는다. 그러면 뒤에 나는 새는 앞에 나는 새에 가려 바람을 덜 받을 수 있다. 날갯짓을 할 때마다 이웃한 새들의 날개가 닿을락 말락 한다. 아래로 치든 위로 치든, 날개를 칠 때마다 와류라고 부르는 소용돌이 기류가 날개

파타고니아여 안녕!

끝에서 몇 센티미터 떨어진 지점에 형성되어 추진력을 북돋운다. 가까이 있는 다른 새들이 만들어 낸 기류도 도움이 된다. 새 떼는 에너지의 잔물결을 일으키는 깃발처럼 펄럭이며 점점 더 높이 오르고, 그동안 내내 지저귄다.

새들은 늦은 오후와 저녁까지 계속 난다. 왼쪽으로는 황금빛 일몰을 배경으로 안데스 산맥의 봉우리들이 환하게 빛나고, 오른쪽으로는 대서양이 저 멀리 수평선까지 펼쳐져 있다. 까마득한 아래에서는 파도가 해변에 부딪치는 소리가 우르르 울린다. 새들은 최대 효율로 날 수 있는 서늘하고 희박한 공기까지 솟은 뒤, 기나긴 야간 비행에 대비하여 안정된 자세를 잡는다.

비행하는 나침반

B95는 강하고 빠르고 착실한 리듬으로, 몸속 연료를 끌어 쓰면서, 몇 시간이고 이어서 난다. 새는 공중에서 자신이 있는 위치를 잘 안다. 캄캄한 밤이라도 항로에서 이탈할 염려는 없다.

B95 같은 장거리 비행자의 능숙한 솜씨에 인간 관찰자는 경탄할 따름

이다. 철새는 방향을 어떻게 알까? 어떻게 그토록 빨리 날면서도 매년 정확히 알맞은 시기에 똑같은 장소로 돌아올까? 과학자들은 이 의문을 풀기 위해 많은 실험을 했다. 한 연구에 따르면, B95 같은 철새는 애초에 몸속에 비행 계획을 타고나기 때문에 그것에 의지해서 첫 장거리 비행을 해낸다고 한다. 모든 과학자가 그 의견에 동의하는 것은 아니지만, 어쨌든 그 설명에 따르면 B95는 날 때부터 몸속에 설정되어 있었고 유전적으로 통제되는 지도에 의지하여 생애 최초의 서반구 일주 여행을 수행했던 것이다. 그 '소프트웨어'는 B95에게 일정 시간 일정 방향으로 날아간 뒤 방향을 바꾸어 다시 일정 시간 날라고 지시한다. 그런 식으로 계속 시간과 방향을 바꾸라는 내면의 지시에 따라 자동 조종 장치처럼 하늘을 지그재그로 누비다 보니 어느새 B95는 목적지에 도달했던 것이다.

B95는 첫해에 더 능숙한 붉은가슴도요들과 함께 날면서 정보를 얻었을 수도 있지만, 보통은 새끼 도요들끼리만 무리를 지어서 난다. 최초의 비행은 위험천만하다. 어린 새는 강한 바람이나 느닷없는 폭풍에 휘말려 경로에서 밀려나고 무리에서 떨어져 돌아가는 길을 찾지 못할 때가 많다. 고립된 데다 경험이 없는 새끼 중 일부는 먹이를 찾지 못해 굶어 죽는다. 전체 붉은가슴도요 루파의 절반보다 약간 더 많은 수가 첫해에 죽는다. B95는 그들보다 운이 좋았다. 첫해를 무사히 넘겼으니까. B95는 안전하게 선택하는 재주를 타고났을지도 모른다. 어떤 과학자는 B95가 무리 한가운데에 위치를 잡아 스스로를 보호했을 것이라고 본다.

최초로 기나긴 이동 경로를 완주한 뒤, B95는 많은 것을 배웠다. 가령 하루 중 특정 시각에는 태양이 어디에 있어야 하는지 알게 되었다. 그것은 지식의 문제가 아니다. B95는 시간을 읽을 줄 모른다. 그것은 오히려 본능

도요는 별, 태양, 지구 자기장, 지형지물 식별 능력 등을 기나긴 여행의 길잡이로 삼는다.

이나 직감에 가깝다. 이른 아침, 가령 사람들이 오전 7시라고 부르는 시각이라면 태양이 동쪽에서 수평선보다 살짝 높은 위치에 있어야 한다는 것을 B95는 안다. 그때 북쪽으로 가려면 태양을 오른쪽에 두고 날아야 할 것이다.

B95는 밤중에 별의 움직임을 길잡이로 삼는 법도 익혔다. 북반구에서 다른 별들은 모두 북극성을 중심으로 회전하는 것처럼 보여도 북극성만큼은 위치가 변하지 않는다. B95는 그 점에 의지해서 하늘에서 방향을 잡는다. 더불어 산맥, 강, 해안선 같은 지형지물도 활용하여 위치를 확인할 것이다. 어쩌면 B95에게는 지구 자기장 변화를 감지하는 능력도 있을지 모른다. 그렇다면 그 감각의 지도를 다른 기법들과 결합하여 활용했을 것이다. 두 번째 완주에 나설 때 B95는 이미 비행하는 나침반이었다.

지금 B95는 캄캄한 어둠 속을 날고 있다. 몇 시간째 가슴 근육을 피스톤처럼 움직이며, 재재거리는 울음소리로 새 떼의 집단 지성에 신호를 보내어 그로부터 돌아오는 정보를 얻으면서. 여행은 힘들고 위험하다. 버티지 못하는 새도 나올 것이다. 그러나 B95는 20년 가까이 날면서 가다듬은 지혜와 경험으로 무리를 비행길에 착실히 묶어 둔다. 새들은 그렇게 파타고니아의 밤을 달려 첫 번째 연료 보충 정거장으로 간다.

첫 번째 정거장

산안토니오 만—리오그란데에서 북쪽으로 1,400킬로미터

꼬박 이틀 밤낮을 난 뒤, 리오그란데를 떠난 이래 처음으로 불그스레한 얼룩 같은 레스팅가 바닥이 B95의 눈에 들어온다. 그것이 의미하는 바는 하나, 맛있는 먹이가 많이 있다는 뜻이다. 새 떼 전체로 메시지가 전달된다. 이제 내려갈 거라고. 굶주린 도요들은 날개를 접고 널찍한 해변을 향해 줄줄이 곤두박질하다가 땅에 닿는 순간 얼른 굽은 날개를 치켜세워 비틀비틀 멈춰 선다.

B95는 당장 그 동네 메뉴를 먹기 시작한다. 레스팅가 바닥에서 치패를 탐욕스럽게 뽑아내어 1분에 다섯 개에서 열 개씩 목구멍으로 넘긴다. 산안토니오 만의 먹이 저장고는 한계를 모르는 듯하다. 썰물이면 달이 바닷물을 해변으로부터 6킬로미터나 잡아끌어 광활한 개펄을 드러낸다. 그곳에는 벌레, 조개, 홍합, 작은 갑각류가 상다리가 휘도록 차려진 만찬처럼 우글거린다.

산안토니오 만 해변은 다른 동물종에게도 인기가 있다. 사람이다. 라스그루타스라는 모래사장은 파타고니아 전체에서 두 번째로 인기 있는 해변이다. 성수기는 1월이지만 지금처럼 따뜻하고 햇살 바른 3월 말 오후에도 조개 줍는 사람, 허공을 맴도는 갈매기, 프리스비를 물어 오는 개, 사륜구동 해변용 자동차, 그리고 물새가 몰려든다. B95는 해안선을 따라 먹이 잡기 좋은 위치에 머물면서 먹는 데 집중하려 애쓰지만, 더 큰 동물이 잇따라 나타나는 바람에 B95도 친구들도 자꾸 딴 곳으로 밀려난다. 이것은 단순히 성가시기만 한 일이 아니다. 바다로 나갔다가 해변 다른 지점에 안착하는 일을 자꾸만 반복해야 하는데, 그러면 막 축적한 연료를 태우게 된다. 앞으로 두 발 전진했다가 뒤로 한 발 물러나는 것이나 마찬가지다.

두 번째 정거장

브라질 라고아두페이시―산안토니오 만에서 북동쪽으로 1,600킬로미터

그래도 산안토니오에서 며칠 먹이를 먹으면 B95는 다시 포동포동해진다. 그리고 다시 날고 싶어 몸이 근질근질해진다. 북풍이 불어오면, 무리는 이륙하여 구름을 뚫고 오른 뒤 순항 대형을 이룬다. 이번에는 살짝 각도를 주어, 아르헨티나에서 우루과이를 거쳐 브라질로 이어지는 대서양 해안에 그림자를 드리우면서 북동쪽으로 나아간다. 쉼 없이 1,600킬로미터를 날면 새들의 시야에 폭이 넓은 푸른 석호가 들어온다. 호수 동쪽은 눈이 따가울 만큼 새하얀 모래 사구로 막혀 있고 간간이 뚫린 수로가 호수와 바다를 잇는다. 브라질 남동부의 이곳 라고아두페이시가 두 번째 정거장이다. 새들

라고아두페이시는 B95가 북쪽으로 날 때 두 번째 정거장으로 이용할 가능성이 높은 장소이다.

은 석호 남쪽 끝에 내린다. 그곳은 쉴 새 없이 부는 바람이 물을 계속 쓸어 내기 때문에 깊이가 2.5센티미터 정도로 얕다. 그곳 역시 오래된 먹이 창고 이다. 새들은 무릎까지 오는 맑고 짠 물을 헤치면서 양도 많고 찾기도 쉬운 작은 달팽이를 며칠이든 낚을 수 있다.

　얕은 석호는 대단히 평평하고 넓기 때문에—어느 지점에서는 폭이 무려 16킬로미터다—새 떼가 밤에 쉴 장소로도 안성맞춤이다. 야생동물은 대개 으슥한 장소에서 잔다. 바위 밑에 기어들거나 동굴로 후퇴하거나 나뭇잎 커튼 뒤에 몸을 감춘다. 붉은가슴도요는 다르다. 붉은가슴도요의 포식자 방어 수단은 경계심이다. 한 마리가 비명을 질러 경보를 울리면 모두가 신속히 자리를 뜬다. 붉은가슴도요는 탁 트인 장소에서 다 함께 뭉쳐 잔다. 해변이나 개펄에서 밀물이 차도 잠기지 않을 만한 곳에 자리 잡은 뒤

라고아두페이시의 과학자들은 이동하는 새를 잡기 위해서 밤중에 안개 그물을 설치해 두고는 한다.

사방으로 포식자를 감시한다. 새들은 포식자가 다가오기 전에 날개를 펼칠 수만 있다면 자신들에게 승산이 있다는 것을 안다.

바람이 거세지는 오늘 밤, B95는 동료들에게 바싹 둘러싸인 채 얕은 석호에 한 다리만 박고 서 있다. 날개 밑에 부리를 처박았지만 감시를 늦추지는 않는다. B95는 한 눈을 뜨고 잔다. 다른 새들도 마찬가지다. 잠자는 붉은가슴도요 무리는 눈과 귀를 수백 개 갖춘 하나의 생명체나 다름없다.

라고아두페이시에서 밤중에
안개 그물에 걸린 붉은가슴도요.

붉은가슴도요들이 한 다리로 서서 한 눈을 뜬 채 시시각각 위험을 경계하며 자고 있다.

섭금류 전문가들에 따르면 라고아두페이시에서 델라웨어 만까지의 마라톤 비행은 충분히 가능하다. 1984년 5월 15일 브라이언 해링턴은 불과 며칠 전 라고아두페이시에서 뚱뚱한 상태로 목격했던 밴드 달린 붉은가슴도요들을 델라웨어 만에서 다시 목격했다. 더 강력한 증거도 있다. 지오로케이터라는 최신 빛 감지 기기로 어느 붉은가슴도요를 추적했더니 새는 2010년 5월 19일 브라질 북부를 떠나 5월 23일 델라웨어 만에 도착한 것으로 드러났다. 나흘 밤낮을 쉬지 않고 비행한 것이다.

어쩌면 장거리 경로를 선호하는 붉은가슴도요가 꽤 많을지도 모른다. 붉은가슴도요의 몸무게 최고 기록 중 일부는 라고아두페이시에서 북쪽으로의 비행 직전에 포획된 새들이 기록했기 때문이다. 한 관찰자가 '잘 익은 복숭아' 같다고 묘사했던 그 새들은 장거리 여행에 대비하여 연료를 채운 듯했다. 새들은 아마존 밀림 상공을 돌파할 계획이었을 것이다. 남아메리카 해안선을 따라가는 대신, 푸른 대서양을 향해 곧장 날아간 뒤 델라웨어 만의 친근한 형태가 발밑에 나타날 때까지 미국 대서양 해안선을 곧장 따라 올라가는 것이다.

새들은 선잠을 자기 때문에 매나 올빼미가 깃털을 바스락거리며 공중에서 덮치거나 어부의 개가 첨벙 물을 튀길라치면 당장 알아차린다. 보초가 경고의 울음소리를 내면 심장이 한 번 뛰기도 전에 온 무리가 퍼드덕 날아오른다.

　B95는 무리와 함께 라고아두페이시에 몇 주 머무른다. 낮에는 달팽이를 잡아먹고 밤에는 석호에서 존다. 공연히 몸을 움직이지는 않는다. 그러면서 단백질을 지방으로 전환한다. 5월 1일쯤 되면 B95는 충분히 포동포동해지고 초조해진다. B95의 호르몬은 다시 날아갈 때라고 채근한다. 다음 목적지는 중요하다. 미국 대서양 해안을 반쯤 올라간 곳에 있는 델라웨어 만인데, 북극 번식지를 향해 마지막 박차를 가하기 전에 최종적으로 연료를 채우는 정거장이다. 그런데 B95가 기대

송골매

송골매, 즉 팔코 페레그리누스*Falco pereg-rinus*는 파타고니아의 레스팅가에서 밍간 군도의 묘석 같은 바위섬까지 어디에나 산다. 그리고 어디서나 물새들의 마음에 공포를 자아낸다. 송골매는 끝으로 갈수록 가늘어지는 날개와 두 눈 아래 독특한 검은 눈물방울 무늬가 있는 무시무시한 사냥꾼이다. 매 중에서도 가장 빠르고 다부지다. 송골매는 먹이가될 새들보다 높이 솟구친 뒤 날개를 접고 '웅크린' 자세로 최대 시속 300킬로미터로 쏜살같이 곤두박질하여 사냥감을 쫓는다. 공포에질린 희생양의 머리를 공중에서 발톱으로 쳐서 단번에 잘라냄으로써 추적을 끝맺는 경우도 많다.

궁극의 포식자 송골매가 공중에서 낚은 대형도요를 둥지로 가져가고 있다.

하는 먹이는 5월 중순에서 말 사이 짧은 두 주 동안에만 그곳에 있으므로, 시간을 잘 맞춰 도착해야 한다. B95의 몸속 시계는 그에게 어서 가라고 재촉한다.

그런데 어떤 길로 갈까? 라고아두페이시에서 델라웨어 만까지는 엄청나게 멀다. 8,000킬로미터 가까이 되니까 북극행 여정 전체의 절반이 넘는다. 단번에 논스톱으로 주파할 수도 있지만 그러려면 며칠 동안 먹이도 물도 휴식도 없이 쉬지 않고 날개를 퍼덕여야 한다. 아니면 먼저 남아메리카 북해안으로 가서 미국에 좀 더 가까이 다가간 다음 다시 바다를 건널 수도 있다. 아니면 그보다 더 잘게 나눌 수도 있다. 도중에 카리브 해 섬에 들렀다가 북아메리카로 가는 것이다. 그러나 그러면 시간이 더 많이 걸릴 것이다.

어떤 길을 고르든 이 여정은 대단히 험난한 도전이다. 몇몇 새들은 연료가 떨어져 탈진한 나머지 하늘에서 떨어질 것이다. 나머지는 최후의 몇 시간까지 근육을 태운 뒤 가까스로 델라웨어 만에 내릴 것이다. 뼈가 앙상하게 불거진 채 산소가 모자라 헐떡이며 절박하게 먹이를 원할 것이다. B95는 과거에 성공했던 경로를 선택할 가능성이 높다. 그 길로 가다가 필요하면 상황에 따라 대처하면서 다시 한 번 완주하려고 노력할 것이다.

파트리시아 곤살레스
산안토니오 해변을 보호하다

생물학자 파트리시아 곤살레스는 아르헨티나 산안토니아 만의 이날라프켄 재단에서 운영하는 습지 프로그램의 책임자이다. 곤살레스는 세계를 다니며 붉은가슴도요의 이동 경로를 연구한다. B95의 왼쪽 다리에 오렌지색 플랙을 묶어 고유 신원을 주었던 사람이 곤살레스였다.

곤살레스는 부에노스아이레스에서 태어나 파타고니아에서 자라면서 어릴 때부터 근처 늪과 해변을 쏘다녔다. 그러다 열 살에 세계 삼림 파괴에 관한 책을 읽고는 환경보호주의자가 되었다. "이렇게 생각했어요. 와, 어른들은 어쩌면 그렇게 멍청하지? 우리는 어서 해결책을 찾아야 해." 곤살레스가 새를 알고 사랑하게 된 것은 안경을 맞춘 뒤였다. 그 전에는 근시가 너무 심해서 새가 제대로 안 보였던 것이다.

대학을 졸업한 뒤 곤살레스는 산안토니오 시의 의뢰로 산안토니오 만에 찾아드는 새들을 조사했다. 공무원들은 곤살레스의 데이터를 참고하여 해변에 공장을 짓는 계획을 허가할까 말까 결정할 생각이었다. 공무원들은 이런 내용을 알고 싶어 했다. 얼마나 많은 새가 그곳을 찾는가? 몇 월에 오는가? 새들이 좋아하는 섭식지와 휴식지는 어느 해변인가? 곤살레스는 봄가을 이동철에 많은 물새가 산안토니오 만을 찾는다는 사실을 확인했다. 드넓은 개펄에 먹이가 풍부하여 비행 연료를 채울 수 있기 때문이다.

▲ 파트리시아 곤살레스가 산안토니오에서 포획한 붉은가슴도요의 깃털을 검사하고 있다.

곤살레스는 데이터를 보고하면서 새를 보호하기 위한 단계별 조치도 함께 권유했다. 그러나 그녀의 말을 귀담아듣는 공무원은 없었다. "사람들은 나를 초를리토[물떼새]라고 부르더군요. 우리 동네에서는 '멍청하다'는 뜻으로 쓰는 말이죠."

파트리시아 곤살레스는 전혀 멍청하지 않았다. 게다가 비장의 무기가 있었다. "당시 나는 고등학교 선생님이었습니다. 내게는 똑똑한 학생들이 있었어요. 우리는 작업에 착수했습니다. 매년 철새의 수를 조사했습니다. 이 장소가 새들에게 얼마나 중요한지 증명하기 위해서 수학적 분석을 시도했던 거죠." 곤살레스와 학생들은 해변 보호를 탄원하는 편지를 정치인들에게 산더미처럼 보냈다. 1993년에는 산안토니오 만 자연보호 지구 제정 법안을 지지하기 위해서 주도인 비에드마까지 버스로 몰려갔다. 곤살레스의 학생들은 설득력 있는 데이터를 바탕으로 강력한 증언을 제공했다. 법안은 통과되었다.

그러나 곤살레스는 거기에서 멈추지 않았다. 산안토니오의 물새 서식지를 보호하기 위해 계속 싸웠다. 그녀는 국제회의에서 논문을 발표할 수 있도록 영어 실력을 열심히 키웠다. 깃털 발달에 대한 전문 지식을 쌓았다. 밴드 작전 도중 사람들에게 새를 제대로 쥐어야 하고—다리가 자유롭게 달랑거려야 한다—신속히 풀어 주어야 한다고 거듭 못 박는 사람이 그녀이다. 곤살레스는 산안토니오의 물새를 헤아리는 활동에 해가 갈수록 많은 사람을 끌어들였고 그 활동의 결과를 발표했다. 덕분에 산안토니오 만은 서반구에서 가장 중요한 철새 도래지 중 한 군데로 인정받고 있다. 특히 붉은가슴도요의 도래지로.

"나는 붉은가슴도요에 푹 빠졌어요. 붉은가슴도요를 이해하고 보존하기 위한 세계적 네트워크의 일원이 되는 것은 신나는 일이죠. 내 손으로 직접 B95를 몇 번 잡아 보았던 것? 그건 내 인생에서 제일 흥분되는 순간이었어요."

A Year on the Wind with the Great Survivor B95

MOON BIRD

델라웨어 만에서
최후의 결전

3장

5월 마지막 두 주, 미국 델라웨어 만

자연에서 무언가 하나를 잡아당기면

나머지 온 세계가 함께 딸려 온다.

− 존 뮤어

5월 중순 보름달 뜬 밤

철썩철썩, 바닷물이 델라웨어 만 해변을 기어오르면서 모래 해안을 착실히
좁혀 나간다. 파도가 한 번 덮치고 물러날 때마다 해변에는 쉭쉭거리는 거
품 띠가 그어진다. 그리고 파도가 한 번 잦아들 때마다 선사시대를 떠올리
게 하는 생물체 군단이 번쩍번쩍 몸을 빛내면서 검은 물에서 해변으로 행
군해 오른다. 투구게들이다. 수컷은 특수한 다리를 써서 암컷에게 달라붙
어 있다. 수천 마리 투구게가 전진해 와서는 드러난 모래땅에서 좋은 위치
를 차지하려고 밀치락달치락한다.

　좋은 장소를 찾으면, 수컷보다 훨씬 큰 암컷 투구게가 모래 속으로 꿈
틀꿈틀 들어가서 작은 초록 알 4,000개쯤을 한 덩어리로 낳는다. 일을 마
친 암컷은 도로 올라와서 몇 발짝 걸은 뒤, 자신이 방금 판 구덩이 위로 수
컷을―가끔은 여러 마리를―데려간다. 수컷에게 수정을 시키는 것이다. 그
다음엔 암컷이 모래로 알을 덮고 물러선다. 썰물로 바닷물이 빠져나간 동

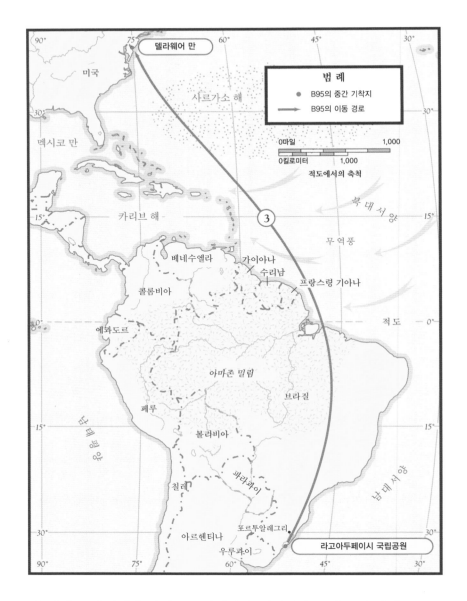

안 암컷은 이 과정을 밤새도록 반복한다. 산란기가 끝날 무렵 암컷들은 보통 8만 개 가까이 알을 낳았을 것이다. 해변은 알로 꽉 찬다. 대부분은 모래에 묻혀 있지만, 일부는 간밤의 파도를 따라 그어진 검은 줄무늬에 드러

나 있다. 이때쯤 투구게들은 바다로 돌아가
지 못할 정도로 지친다. 투구게들은 자동차
휠캡처럼 해변에 동그맣게 남는다. 몇몇은 발
랑 뒤집혀 다리를 도리깨질하며 창처럼 생긴
꼬리를 허공에 흔들어 댄다.

　이튿날 아침 여명이 밝자 해안은 다시 북
적이기 시작한다. 갈매기들이 우짖으며 하늘
을 맴돈다. B95는 재재거리는 다른 붉은가슴
도요, 불그레한 꼬까도요, 세발가락도요, 그
밖의 섭금류 무리에 섞여 부리를 피스톤처럼
날래게 모래에 박으면서 신선한 투구게 알을
배불리 즐기고 있다. 세상에 이 거대한 만을
둘러싼 해변처럼 이렇듯 짧은 시간에 이렇듯
풍부한 연료를 제공하는 단일 섭식지는 또
없다. 붉은가슴도요는 하늘에서 이 해변을
금방 알아볼 수 있다.

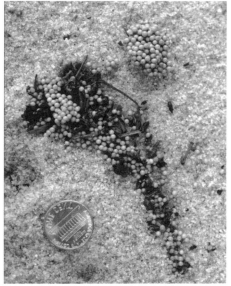

　보상은 빠르다. 얼마 전까지만 해도 B95
는 남아메리카를 뒤로한 비행의 마지막 몇
시간 동안 그저 목숨을 부지하겠다는 일념
으로 근육을 태우고 있었다. 그러나 지금은
고개를 파묻고 몇 시간씩 내처 초록 알을 쓸
어 먹고 있다. 파도가 밀려들어 B95가 먹고
있던 장소를 덮치면, 새는 능숙하게 다른 해

위. 산란기인 보름밤에 수컷 투구게가 암컷에게 달라붙어 있다.
가운데. 작은 공처럼 다닥다닥 붙은 투구게 알은 북극으로 향하는 붉은가슴도요의 주된 연료이다.
투구게의 산란이 성공적으로 끝나면 암컷 한 마리당 수천 개의 알을 모래에 남긴다.
아래. 어떤 투구게는 너무 지쳐서 바다로 돌아가지 못한다.

델라웨어 만

델라웨어 만은 미국 대서양 해안에서 남쪽 끝 플로리다 주와 북쪽 끝 메인 주의 중간쯤에 있는 길이 80킬로미터의 만이다. 만의 동쪽 해변은 뉴저지 주이고 서쪽 해변은 델라웨어 주이다. 주로 습한 저지대로 둘러싸여 있으나 해변도 총 240킬로미터쯤 있다. 어떤 해변에는 별장이 줄줄이 서 있고 여름이면 피서객으로 붐빈다. 델라웨어 만은 얕고 비교적 따뜻해서 투구게에게 완벽한 장소이다. 투구게는 1년의 대부분을 만 바닥에서 기어다니며 벌레와 갑각류를 잡아먹는다. 한편 뉴저지 쪽 해안 남쪽의 모래사장, 가령 리즈 해변 같은 곳은 경사가 완만해서 파도가 세지 않기 때문에 물새들이 좋아한다. 그런 해변들은 대서양에 면한 스톤 항처럼 새들이 잠을 자는 장소와도 가깝다. 델라웨어 만은 지구적 중요성을 지닌 연약한 생태계다. 주변에 워싱턴D.C., 볼티모어, 필라델피아라는 세 대도시가 있기 때문에 더욱 취약하다.

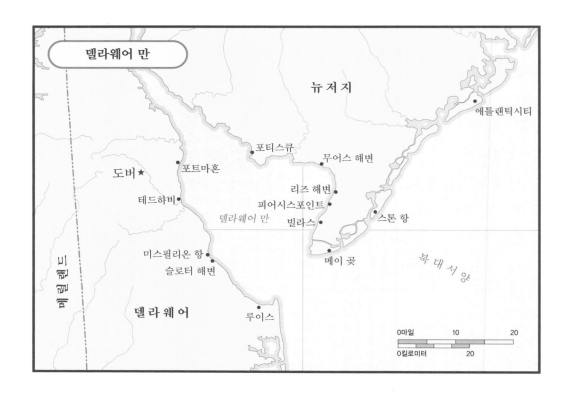

변으로 옮겨 간다. 그러면서 빠르게 다시 지방을 쌓기 시작한다. B95는 부드럽고 소화하기 좋은 알을 하루에 8,000개 넘게 먹을 수 있다. 찾을 수만 있다면 먹는 것은 문제없다. B95는 착실히 먹으면서 두 주 만에 몸무게를 두 배로 불린다. 운이 좋으면, 바람이 깃털을 부풀려 다시금 북쪽 번식지를 향해 날아가도록 재촉하는 순간까지, B95는 북극으로 가는 3,200킬로미터 여정을 주파하기에 충분한 연료를 채울 것이다. 생존을 보장하려면 여분도 좀 있어야 한다. 어쩌면 북극권은 아직 눈이 덮여 있고 툰드라의 연못들은 얼어붙어 있을지도 모르니까.

델라웨어 만의 투구게 알은 B95를 비롯한 붉은가슴도요들에게 번식의 기회를 준다. 그리하여 루파 아종에게 생존의 기회를 준다. 지난 수천 년간 붉은가슴도요 루파는 투구게들이 바다에서 나와서 장차 새들의 만찬이 될 알을 모래에 낳는 봄날 보름밤에 딱 맞춰 델라웨어 만에 도착하는 재주를 익혔다. 정확히 어떤 방법을 쓰는지는 알 수 없지만 말이다. 철새들이 어떻게 그 사실을 발견했는가, 어쩌면 그리도 완벽하게 시기를 맞추는가 하는 것은 여전히 과학적 수수께끼이다. 그러나 인간 생물학자들이 어떻게 그 현상을 알아차렸는가 하는 이야기는 다행스럽게도 훨씬 잘 알려져 있다.

1979년: 봄의 딜레마

섭금류 전문가들은 붉은가슴도요 루파가 6월과 7월 북극에서 새끼를 낳고 많은 수가 남아메리카에서 겨울을 난다는 사실을 오래전부터 알았다. 벨기에 과학자 피에르 드빌리에는 아르헨티나에서 루파가 기착하는 장소를 두 군데 찾아냈다. 그 밖에도 남아메리카에서 또 다른 기착지가 발견되리라 기대할 만한 괜찮은 단서들이 있었다.

그러나 큰 수수께끼가 하나 있었다. 봄에는 루파가 어디 있을까? 붉은가슴도요를 봄에 보았다는 기록은 아주 드물었다. 주로 사냥꾼이 머리 위로 날아가는 붉은가슴도요 떼를 보았다는 기록뿐이었다. 대부분의 생물학자들은 루파가 대서양 해안을 따라 몇백 킬로미터마다 멈추면서 폴짝폴짝 건너뛰듯 이동한다고 추측했다. 개똥지빠귀만 한 새가 지구 밑바닥에서 꼭대기까지 중간에 연료를 보급하지 않고 단숨에 날아갈 수는 없다고 생각했다.

그렇지만 그곳이 대체 어디일까? 1978년 마노멧 조류 관측소(지금은 마노멧 보존 과학 센터로 이름이 바뀌었다)에서 일하고 있었던 섭금류 전문가 브라이언 해링턴은 답을 알아내기로 결심했다. 해링턴은 전 세계의 열성적인 섭금류 애호가 약 100명에게 설문지를 보냈다. 설문지에서는 이렇게만 물었다. "봄에 붉은가슴도요가 20~30마리 이상 머무르는 장소를 아십니까?" 아무 응답 없이 몇 주가 지났다. 그러던 어느 날 오후 해링턴은 뉴저지의 조 로맥스라는 사람이 걸어 온 전화를 받았다.

"당신 편지를 받았습니다." 로맥스가 말했다. "봄에 여기 델라웨어 만에 도요가 많습니다."

"많다는 게 얼마입니까? 수백 마리?" 해링턴이 물었다.

"수천 마리. 적어도 수천 마리요."

"위치를 알려 주세요."

1979년 5월 마지막 주, 의심을 떨치지 못한 브라이언 해링턴은 마노멧의 동료 린다 레디와 함께 조 로맥스의 말을 확인하기 위해서 매사추세츠에서 뉴저지까지 차를 몰고 내려갔다. 세 사람은 한 식당에서 만난 뒤 로맥스의 소형 트럭으로 옮겨 타고 뉴저지 해변을 따라 남쪽으로 내려갔다. 오후 4시쯤 트럭은 한 줄로 늘어선 텅 빈 여름 별장들 뒤에 멈췄다. 해링턴과 레디는 차에서 내려 로맥스의 뒤를 따라 웅덩이가 지천인 흙길을 걸었다. 메이 곶에서 북쪽으로 약 20킬로미터 떨어진 작은 별장 동네인 리즈 해변에는 사람이 거의 없었다. 전몰장병기념일을 맞아 휴가객이 몰려들기 전에는 계속 그럴 것이었다. 세 사람은 묵묵히 걸었다. 그러다가 로맥스가 두 집 사이 지름길로 꺾어 들어가 해링턴과 레디를 모래사장으로 안내했다. 해변의 위쪽 끝으로 들어선 것이었다. 로맥스는 그곳에서 발을 멈췄다.

눈앞에 펼쳐진 해변에는 붉은가슴도요 수천 마리가 어깨를 맞대고 빽빽하게 모여 있었다. 새들은 모래에 숨은 먹이를 부리로 맹렬하게 쪼고 있었다. "해변이 안 보일 지경이었어요." 린다 레디는 회상했다.

브라이언 해링턴은 감정을 억누르려고 애썼다. 그것은 소수의 과학자만이 경험하게 되는 순간이었다. 하나의 관찰이 모든 가설을 바꿔 놓는 순간. 해링턴은 이렇게 회상했다. "나는 그저 놀랄 뿐이었습니다. 우리는 얼마 전에 논문을 발표한 참이었어요. 스스로 모르는 게 없다고 생각하는 우리 과학자들이, 세상에 존재하는 붉은가슴도요 개체수가 수만 마리에 불과하다고 주장하는 논문을 썼단 말입니다. 그런데 눈앞의 작은 해변에만도 붉은가슴도요가 최소한 그 정도 있었습니다. 로맥스 씨는 새들이 투구게 알을 먹고 있다고 알려 주었습니다. 내게는 새로운 이야기였습니다. 과학 문헌에는 섭금류와 투구게의 관계에 관한 논문이 전혀 없었으니까요. 나는 어릴 때부터 해변에서 투구게를 집어 들곤 했지만 그 순간까지만 해도 투구게가 섭금류에게 무엇을 제공하는지 눈곱만큼도 몰랐던 겁니다."

고대의 기부자

해변을 기우뚱기우뚱 나아가는 투구게, 즉 리물루스 폴리페무스*Limulus polyphemus*는 가시같이 생긴 창을 질질 끌고 나아가는 헬멧처럼 보인다. 투구게가 지나간 자리에는 그레이더(도로 공사에서 땅 다지는 기계—옮긴이)가 지나간 것 같은 자취가 남는다. 게보다는 사실 거미나 전갈과 더 가까운 투구게는 살아 있는 선사시대 화석처럼 보인다. 그리고 실제로 그렇다. 투구게는 3억 5,000만 년 전 페름기에 진화했으니 공룡의 시대보다 앞선 셈이다. 투구게는 새보다도 5,000만 년 앞서 진화했고 인간보다는 그보다 훨씬, 훨씬 더 앞섰다.

투구게는 대부분의 시간을 바다 밑에서 무척추동물과 벌레를 잡아먹으며 보낸다. 투구게가 육중한 몸을 끌고 야음을 틈타 해변에 올라오는 이유는 단 하나, 보름달이 떠서 한사리(대조라고도 하며, 지구와 태양과 달이 일직선에 놓이기 때문에 밀물과 썰물의 차이를 말하는 조차가 한 달에 두 번 최대가 되는 시점—옮긴이)를 알릴 때 산란을 하기 위해서다. 밀물이 가장 높이 들어오는 시점에 알을 낳는다면 알이 채 부화하기 전에 바닷물에 쓸려 갈 염려가 없기 때문이다. 투구게는 메인 주에서 멕시코까지 모든 해변과 그 주변에서 쉽게 찾아볼 수 있지만, 지금까지 알려진 바에 따르면 바로 이곳 델라웨어 만에 가장 많은 수가 서식한다. 대서양이 쑥 들어와 드넓게 형성된 델라웨어 만은 비교적 따뜻하고 얕으며 늪지가 빙 둘러져 있어 서식지로 적당하다.

델라웨어 만 모래도 투구게가 알을 낳기에 알맞다. 알이 부화 전에 바닷물에 쓸려 가지 않도록 꽉 붙잡아 줄 만큼은 단단하지만 한편으로 구멍이 많아서 속에 묻힌 알에게 산소가 충분히 전달된다. 이상적인 조건 때문

1983년 리즈 해변에 모인 수많은 섭금류와 갈매기.

에 오래전부터 델라웨어 만에 무수히 많은 투구게가 모여들었다. 비교적 최근인 1996년 브라이언 해링턴이 계산한 결과에 따르면 델라웨어 만에 묻힌 알이 전부 부화하여 성체로 자란다면 투구게들이 뉴저지 주 면적의 90퍼센트를 덮을 것이라고 한다.

투구게는 과학자들이 '핵심종'이라고 부르는 종이다. 다른 많은 종에게 중요한 가치가 있는 종이라는 뜻이다. 예를 들어 번식지까지 날아가기 위해서 투구게 알을 지방으로 바꾸는 섭금류에게 투구게는 중요한 존재이다. 인간도 이 굼뜨고 찾기 쉬운 생물을 자신에게 중요한 종으로 만들기 위해서 수백 년 동안 노력했다. 가장 분명한 방법은 식용으로 쓰는 것이지만, 투구게에게는 화살 같은 꼬리를 움직이는 데 필요한 근육 외에는 고기가 거의 없기 때문에 딱히 쓸모가 없었다.

1800년대 중반부터 델라웨어 만 어부들은 투구게를 대량으로 잡아서 가루로 빻아 비료로 팔았다. 사진은 1924년에 찍은 것이다.

　　한동안 사람들은 투구게를 가루로 분쇄했다. 1800년대 중반부터 델라웨어 만 양쪽 기슭 어부들은 투구게를 대량으로 잡아 가루로 빻은 뒤 비료나 닭 사료로 농부들에게 팔았다. 1870년 한 해에만 400만 마리가 넘게 잡혀, 썩어 가는 투구게의 악취 때문에 주변 주민들이 성난 불평을 쏟았다고 한다. 지금도 델라웨어 만에는 '킹 크랩 랜딩'이니 '슬로터 해변'이니 하는 식으로 투구게 살육을 기억하는 지명들이 남아 있다(각각 '큰 게 상륙지', '살육 해변'이라는 뜻이다―옮긴이). 투구게 개체수는 해가 갈수록 줄었다. 그러다가 1960년대 들어 농부들이 어부에게 투구게 가루를 사는 것보다 새로 나온 석유 원료 비료를 사는 것이 더 싸지자 투구게들은 한숨 돌릴 수 있었다.

　　투구게는 개체수를 회복했다. 그리고 특이하고도 예상하지 못했던 방식으로 계속 인간의 필요를 충족시켰다. 투구게의 한 용도는 연구용 표본이었다. 1930년대부터 생리학자 홀던 케퍼 하틀라인 박사는 투구게의 거대한 시신경을 대상으로 실험하여 투구게가 어둡고 탁한 물속에서 어떻게 형체를 분간하는지 알아내려 했다. 하틀라인 박사는 투구게 눈의 수용체 세포들이 서로 연결되어 있기 때문에 한 세포가 자극을 받으면 근처 다른 세포들은 억제된다는 사실을 밝혔다. 그래서 빛 패턴의 대비가 한결 강조되는 것이었다. 이 발견 덕분에 과학자들은 인간의 시각도 더 명확하게 이해할 수 있었고, 하틀라인 박사는 1967년 노벨상을 받았다.

더 큰 선물도 있었다. 1960년대에 프레더릭 뱅과 잭 레빈은 투구게의 피에 감염을 막는 화학물질이 포함되어 있다는 사실을 발견했다. 두 사람은 그 물질을 '투구게 변형세포 용해질'LAL이라고 이름 지었다. 확인해 보니, 투구게가 세균에 노출되면 LAL이 감염 부위 주변에서 피를 응고시킴으로써 상처를 막아 투구게를 보호했다. 사람의 면역계는 그와는 다르다. 사람의 면역계는 피가 감염되면 백혈구들을 상처 부위로 보내어 침입자를 물리치도록 지시한다. 투구게가 인간과 같은 그런 면역계가 없는데도 더러운 물에서 감염을 이기며 살아갈 수 있는 것은 바로 LAL이 있기 때문이다.

뱅과 레빈은 투구게 피를 활용하여 인체

용해질 채취 시설에서 피 흘리는 투구게들

어부들은 그물로 바다 바닥을 훑어서 투구게를 잡는다. 잡은 투구게 중 껍데기에서 폭이 제일 넓은 부분이 20센티미터를 넘는 녀석만 골라 트럭에 싣고, 용해질 채취 시설로 가져와서 피를 뽑는다. 채혈실에서 일하는 기술자들은 세균 감염 가능성을 줄이기 위해 장갑, 실험복, 머리그물을 착용한다. 기술자는 투구게의 몸통이 살짝 꺾이도록 거치대에 올려 동전만 한 넓이의 막을 노출시키고 그곳에 주사기 바늘을 꽂는다. 그리고 투구게 혈액의 약 30퍼센트에 해당하는 커피 한 잔 분량을 채취 용기에 뽑아낸다. 사람의 피는 주성분이 철이라서 붉지만 투구게의 피는 주성분이 구리이기 때문에 푸르다.

기술자는 피가 든 용기를 원심분리기에 꽂고 돌려서 변형세포라고 부르는 백혈구를 수집한다. 변형세포는 노르께한 액체로 바뀌는데, 그것이 바로 귀하고 기적적인 치유 인자 '투구게 변형세포 용해질'LAL의 원래 상태이다.

채혈이 끝나면 투구게는 바다로 돌려보낸다. 일주일쯤 지나면 피가 도로 차지만, 혈구 수가 완벽하게 회복되려면 두세 달 걸린다. 채혈이 투구게 개체군에게 미치는 영향에 대해서는 논란이 있다. LAL 산업 대변인은 투구게를 포획하고 운반하고 바다로 돌려보내는 전 과정에서 전체의 약 3퍼센트만이 죽는다고 말하지만, 정부 기관과 대학에서 수행한 조사들은 그 수치를 최대 30퍼센트로 본다.

용 의약품과 도구의 세균 감염 여부를 검사하는 간단한 기법을 개발했다. 투구게 피에서 얻은 LAL을 의약품 표본에 떨어뜨리면 그것이 감염되었는지 아닌지를 순식간에 알 수 있다. 감염되었다면 그 자리에 당장 응혈이 생기기 때문이다. LAL 기법은 워낙 뛰어나기 때문에 현재 미국 식품의약국은 모든 메스, 약물, 주사기, 독감 백신을 LAL 기법으로 검사하여 안전성을 확인한 뒤에야 인간 환자에게 사용하도록 규정하고 있다. 투구게 피 채취는 수백만 달러 규모의 산업이 되었고, 매년 약 25만 마리의 투구게에게 의존한다. 이 글을 쓰는 시점에 투구게 피 1리터는 국제시장에서 약 1만 5,000달러에 팔린다.

의학적 검사, 닭 사료, 비료…… 인간은 이 고대 선조를 어떻게 하면 유용하게 사용할까 하는 문제에서 아이디어가 끊이지 않는 듯하다. 그리고 투구게는 멸종을 모르는 듯하다. 어쩌면 실제로 그렇다. 지난 수백 년 동안 인간이 아무리 많이 잡아도 투구게는 늘 다시 회복했다.

그러나 그것도 지금까지의 이야기일 뿐인지도 모른다. 1980년대에 처음 등장하여 10년 뒤에 유행하게 된 또 다른 발상 때문에 이제는 투구게뿐 아니라 붉은가슴도요 루파와 다른 물새들까지 위기에 몰렸다. 오늘날 델라웨어 만에서는 다음과 같은 드라마가 펼쳐지고 있다.

뉴저지 메이 곶, 이른 아침

갈매기들이 끼룩거리며 저인망 어선 위를 맴돈다. 그 밑에서 뉴저지 남부에 사는 어부가 도끼를 힘차게 휘두르자 투구게 껍데기가 반으로 쪼개지며 자극적인 냄새가 나는 액체가 쏟아진다. 도끼질을 두 번 더 하면 투구게는 사등분으로 갈라진다. 어부는 델라웨어 만에서 비교적 물이 깊은 지점으로 배를 몬 뒤, 모터를 끄고 배가 부유하도록 내버려 둔다. 그리고 나무통에 투구게 쪼갠 것 몇 조각을 담아서 튼튼한 줄로 배 밖으로 내린다. 나중에 통을 건지면 그 속에는 배배 꼬인 커다란 고둥이 가득 들어 있다. 우리가 귀에 대고 바다 소리를 들으려고 하는 그런 종류 말이다. 흔히 소라라고 부르는 수정고둥이다. 그날 밤 어부는 잡은 고둥을 식품 회사에 판다.

몇 주 뒤, 슈퍼마켓에서 한 여성이 고둥 캔을 선반에서 꺼내 카트에 담는다. 여성은 집으로 가서 말린 토마토, 올리브, 케이퍼를 넣은 샐러드에 캔의 절반을 비운다. 나머지 절반은 놔두었다가 마리나라 소스를 끓일 때 쓸 생각이다. 아니면 파스타나 리소토에 넣을 수도 있다. 여성은 자신이 어떻게 선택하든 고둥의 맛은 '천국 같다'는 말로 표현될 것임을 잘 안다.

어부는 어쩌면 수확한 고둥을 수출업자에게 팔지도 모른다. 수출업자는 고둥 살을 썰어 냉동한 뒤 파나마운하를 통해 아시아로 보낸다. 학살된 투구게 냄새에 끌려 어부의 통에 꾀었던 델라웨어 만 고둥은 아시아에서 종잇장처럼 얇게 저며져 홍콩 레스토랑들의 메뉴에 있는 광둥식 볶음 요리에 들어간다. 또 어떤 어부는 쪼갠 투구게를 역시 아시아 식품 시장에서 진미로 팔리는 미국뱀장어의 미끼로 쓸 테고, 그보다 더 수입이 좋은 줄농어의 미끼로 쓸 수도 있다.

* * *

투구게는 거의 하룻밤 새에 대단히 가치 있는 존재로 탈바꿈했다. 투구게는 금쪽같은 존재였고, 델라웨어 만에는 다른 어디보다 투구게가 많았다.

매사추세츠에서 플로리다까지 각지 번호판을 단 트랙터 트레일러들이 델라웨어 만 인근 작은 해변 마을로 덜덜거리며 몰려들었다. 운전사들은 동네 주민을 고용했다. 사람들은 해변에서 투구게를 집어 트레일러에 던져 넣었다. 크고 알을 밴 암컷일수록 좋았다. 운전사들은 가뜩 찬 트레일러를 몰고 떠난 뒤 더 많이 잡으려고 돌아왔다.

"규모가 어마어마했습니다." 당시 '뉴저지 멸종위기종 및 밀렵금지종 프로그램'을 이끌었던 래리 나일스는 이렇게 회상한다. "우리는 동해안 전역에서 투구게 수요가 그렇게 커진 줄을 몰랐습니다. 어느 날 모임에서 1980년대부터 투구게 개체수 조사에 참여했던 동료가 일어나 말하더군요. '올해는 투구게를 30만 마리밖에 못 셌습니다.' 나는 놀랐습니다. 그건 너무너무 낮은 수치였거든요. 우리는 만에 찾아드는 철새 수가 엄청나다는 사실을 무척 자랑스러워했지만, 우리가 지켜보는 사이에 녀석들이 모두 사라지고 있었던 겁니다. 투구게가 사라지면 철새도 사라지지요. 그걸 막기 위해서 힘닿는 대로 뭐든 해야 한다는 생각이 퍼뜩 들었습니다."

10년 동안 미끼 어업에 동원된 데다 과학 연구에도 사용되다 보니, 3억 5,000만 년 된 이 종은 현재 사라질 위기에 처했다. 가장 크게 타격을 입은 것은 산란에 핵심적인 성숙한 암컷들이다. 그런 암컷일수록 갈랐을 때 액체가 더 많이 나오고 냄새가 더 자극적이기 때문에 미끼로 선호된다. 버지니아 공과대학의 조사에 따르면, 갓 성숙한 암컷 투구게 개체수는 2001년에서 2003년 사이에만 86퍼센트가 줄었다. 암컷 투구게가 번식이 가능할 정도로 성적으로 성숙하려면 9년이나 걸린다는 사실을 고려하면 이 통계는 더욱 심란하다.

같은 시기에 붉은가슴도요 루파의 서반구 이동 경로를 관찰하던 사람들도 개체수의 극적인 감소를 속속 보고했다. 북극 과학자들은 둥지 수가 너무나도 준 것으로 보아 새들이 짝을 찾는 데 어려움을 겪는 게 아닌가 걱정된다고 보고했다. 매년 소형 비행기로 티에라델푸에고 상공을 낮게 날면서 물새 수를 헤아리러 온 캐나다 과학자 가이 모리슨과 켄 로스는 아르헨티나와 칠레의 거점들에서 통상 확인되던 9만 마리 중 절반이 2000년에서 2002년 사이에 사라졌다고 보고했다. 가장 믿을 만한 근거지 중 몇 군데에는 붉은가슴도요가 한 마리도 없었다. 2007년에 두 번째로 심각한 개체수 급감을 목격한 뒤—우루과이 해안에 발생했던 유독한 적조가 문제를 악화했을 것이다—모리슨과 로스는 남아메리카에서 월동하는 총 개체수가 1만 5,000마리로 줄었을 것이라고 추정했다. 10년 만에 80퍼센트가 감소한 셈이다. "한번은 켄과 내가 비행기에서 내리면서 말문이 막혀 아무 말도 할 수 없었습니다. '새들이 다 어디 갔지?' 하는 표정으로 서로 쳐다볼 뿐이었지요." 모리슨의 회상이다.

델라웨어 만으로 돌아가자. B95는 단순하지만 까다로운 임무에 몰두해 있다. 먹이를 찾고, 계속 먹고, 이동할 준비를 하는 것이다. 해변에 먹이가 예전보다 적으니만큼 실수할 여유가 없다. B95는 먹이가 있는 해변을 찾아 이리저리 옮기느라 시간과 에너지를 허비하는 대신 알이 꽉 찬 해변에 죽치고 앉아 매일매일 먹어야 한다. 하루하루가, 모든 밀물과 썰물이 중요하다. 잘못된 판단의 대가는 명백하다. B95와 함께하는 무리의 규모가 한 해 한 해 줄고 있는 것이다.

B95는 바닷물이 드나드는 시간을 정확하게 맞춤으로써 해가 뜬 동안 노출된 해변을 최대한 이용해야 한다. 걸신들리도록 굶주린 B95는 한 해

변에 도착한 순간부터 밀려드는 바닷물 때문에 다른 해변이나 휴식지로 이동해야 하는 마지막 순간까지 줄기차게 먹는다.

이제 붉은 번식기 깃털이 난 B95는 하루하루 밀고 나간다. 피부와 지방 주머니는 착실히 채워지고, 근육이 붙고, 북쪽으로의 마지막 비행을 대비하는 강인한 비행 기계의 몸으로 변신한다. 매일 저녁 B95는 큰 무리와 함께 메이 곶 반도의 대서양 연안 공동 휴식지로 날아가 몇 시간 잠을 청한다.

B95가 간직한 기억, 온몸의 세포, 호르몬 체계, 그 밖에도 붉은가슴도요 루파가 세상을 파악하는 다른 모든 방식으로, B95는 이곳 델라웨어 만에서 여행을 끝맺지는 않겠다는 결의에 차 있다. B95는 두 달간 11,000킬로미터를 날아 최대의 연료 보충 정거장인 이곳으로 왔다. B95는 느낀다. 이제 거의 다 왔다는 것을. 마지막으로 한 번만 더 날면 최종 목적지인 번식지에 도착할 것이다. 무엇도 그를 막을 수 없다. B95는 짝을 찾아 최소한 한 번 더 새끼를 낳겠다는 목표에 모든 것을 건다.

바람이 불어와 바닷물이 일렁이고 새들의 휴식지를 둘러싼 늪지대 풀이 술렁인다. 새들도 몇 마리 재잘거린다. B95는 부리를 날개에 묻고 한 눈을 감고 잠을 청한다.

브라이언 해링턴
징검돌을 찾다

로드아일랜드에서 자란 소년 브라이언 해링턴은 BB총을 들고 시골 동네를 누비면서 어쩌다 사정거리에 들어온 새에게 즐겁게 총알을 쏘고는 했다. 열 살 여름이 끝날 무렵, 소년의 집 뒤쪽 밭에 작은 새 떼가 내려앉았다. 브라이언은 생전 처음 보는 새들임을 확신했지만 가까이 다가가서 확인할 수는 없었다. 그가 약간만 움직여도 새들이 퍼드덕 도망쳤기 때문이다. 어느 날 브라이언은 배를 깔고 가까이 기어가서 쌍안경으로 살피는 데 성공했다. 새는 크기가 개똥지빠귀만 했으나 키가 좀 더 크고 다리가 짙었다. 뒤로 젖혀진 날개는 팔꿈치 부분이 꺾였다. 얼굴은 새까맣고 가장자리에만 가늘게 설탕처럼 흰 무늬가 있었다.

휴대용 도감 덕분에 브라이언은 그 새가 황금물떼새라는 것을 알았다. 번식지 알래스카와 월동지 남아메리카 사이 먼 길을 매년 오가는 철새였다. 이동 경로는 남북 길이가 14,000킬로미터, 동서 폭이 3,000킬로미터나 된다. 그러나 무슨 일이 있어도 매년 8월이면 황금물떼새 무리는 자석에 이끌리듯이 브라이언네 밭으로 왔다. 그 장소가 어째서인지 새들에게 중요한 모양이었다. 왜일까? 브라이언은 BB총을 고성능 망원경으로 바꾸었고, 새를 이해하는 데 평생을 바쳤다.

대학 졸업 후 브라이언은 스미스소니언협회에 고용되어 태평양의 작고 외딴 섬 존슨 환초에 찾아드는 바닷새들에게 밴드를 묶는 일을 하게 되었다. 반경 수백 킬로

▲ 리즈 해변에서 붉은가슴도요들을 보았던 때로부터 4년이 지난 1983년의 브라이언 해링턴.

미터 내에서 유일하게 마른 뭍인 그곳에는 번식기면 제비슴새, 슴새, 군함새, 제비갈매기 등 수많은 바닷새가 찾아들었다. 브라이언과 동료들은 매일 저녁 모터보트를 타고 섬으로 가서 밤새도록 새들에게 밴드를 묶었다. "손가락이 쓰리도록 묶었지요. 새에게 그냥 다가가서 집어 올리면 되거든요. 새는 잠이 깬 상태이지만 우리가 쓴 헤드라이트에 눈이 부셔서 꼼짝달싹 못하지요. 한 시간에 500마리씩 밴드를 묶을 수 있는 지경이었답니다."

브라이언은 다음 해에도 존슨 환초로 가서 자신이 밴드를 묶었던 새들이 돌아왔는지 살펴보았다. "첫날 밤 어쩌다 보니 지난해에 걸었던 길을 똑같이 걷게 되었습니다. 밴드를 찬 제비갈매기가 눈에 들어오기에 얼른 집어 들었지요. 밴드에는 숫자 12가 씌어 있었습니다. 나는 그 옆의 새를 집었습니다. 그 새의 숫자는 13이더군요. 그 옆의 새는 14였고요. 새들은 1년 전과 **똑같은** 순서로 앉아 있었던 겁니다!"

그것은 자연의 정밀함을 보여 주는 놀라운 사례였다. 새들은 지구를 한 바퀴 돌다시피 여행한 뒤에도 똑같은 땅의 똑같은 **위치**에 착륙했던 것이다. 왜일까? 그 장소가 왜 그렇게 중요할까? 새들은 어떻게 그 장소를 알까? 브라이언은 어릴 적 고향밭에서 황금물떼새를 본 순간부터 이런 질문을 물어 왔지만, 존슨 환초의 새들을 본 순간 그동안 흩어졌던 생각들이 하나의 논제로 찰칵 맞아 들어갔다. "나는 가을에 뉴잉글랜드에서 물새들이 찾는 해변, 개펄, 늪지 따위는 바다에서 바닷새들이 찾는 특정 섬들과 동일한 존재라고 믿게 되었습니다. 새들에게는 그런 곳이 결정적인 장소입니다. 새들은 생애 특정 시점에서 그 장소가 필요합니다. 그곳에서 또 다른 곳으로 이동하는 것입니다. 새들의 이동 체계에서 징검돌에 해당하는 장소인 거죠. 그리고 특정 징검돌에 대해서는 대안이 많지 않은 것 같았습니다. 새들은 **오로지 그곳으로만** 갈 수 있는 겁니다. 그런 장소는 보존해야 합니다. 나는 그 사실을 증명하기로 결심했지요."

40년이 흐른 지금, 브라이언은 섭금류 전문가로서 '마노멧 보존 과학 센터'에서 여전히 그런 질문을 연구하고 있다. 그동안 그는 주로 붉은가슴도요 루파에게 집중했다. 브라질과 아르헨티나로 원정을 떠나 밴드를 묶는 작업을 조직함으로써 라고아두

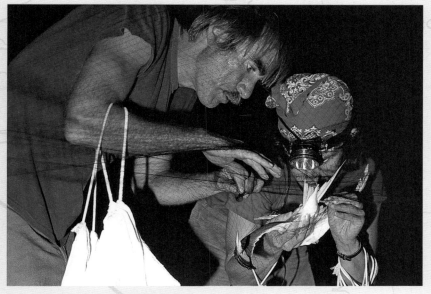

브라이언 해링턴(왼쪽)이 젊은 동료와 함께 야간 포획 작업을 하고 있다.

페이시 같은 신성한 징검돌 몇 군데를 발견했다. 어떤 곳은 접근하기가 너무나 힘들었다. 그는 "우리는 무릎까지 빠지면서 진흙탕을 걸었고, 비가 새는 텐트에서 잤고, 신발 속 전갈과 인사를 나누었다"라고 적었다.

　　그러나 브라이언에게는 1979년에 조 로맥스가 리즈 해변의 수많은 도요들에게로 자신을 안내했던 날만큼 만족스럽고 중요한 발견은 또 없었다. 그곳은 궁극의 징검돌이었다. 만을 둘러싼 해변들은 연중 같은 시기에 거의 모든 루파들을 끌어들일 수 있을 만큼 먹이가 풍부했다. 브라이언 해링턴은 이렇게 기록했다. "내가 증명하려고 노력하는 주장에 대한 가장 강력한 사례라고 할 만한 장면이 그 순간 내 눈앞에 펼쳐졌던 것이다."

A Year on the Wind with the Great Survivor B95

MOON BIRD

몰아서 잡기

2010년 5월 22일,
뉴저지 델라웨어 만의 노스피어시스포인트 해변

자연의 손길 한 번이면 온 세상은 친족이 된다.

– 셰익스피어

B95가 북극으로의 비행에 대비하여 투구게 알로 살 찌우는 동안, 델라웨어 만 뉴저지 쪽 리즈 해변에 외따로 선 노란 오두막에는 전 세계에서 연구자, 과학자, 학생이 모여들고 있었다. 오스트리아, 뉴질랜드, 영국, 타이완, 퀘벡, 콜롬비아, 미국, 아르헨티나, 네덜란드, 스페인에서 온 작업자들은 어깨에는 백팩을 메고 손에는 침낭, 에어매트리스, 노트북컴퓨터, 관측용 스코프, 기타 전문 도구들을 질질 끌다시피 하며 페인트가 벗겨지고 있는 계단을 쿵쿵 올라와서 방충망 문을 밀고 들어와 수선스럽게 인사를 나눈다. 그중 몇 명은 14년째 매년 이곳으로 와서 물새의 활동을, 또한 물새의 먹이인 알을 낳아 주는 투구게의 활동을 기록하고 측정하는 작업에 참가했다. 그중 아홉 명은 그 집에서 잘 것이고, 나머지는 근처에 빌린 오두막에서 잘 것이고, 또 어떤 사람들은 자기 트럭에서 잘 것이다.

1997년 '델라웨어 만 섭금류 프로젝트'가 시작되었을 때 과학자들은 섭금류의 행태와 섭금류에게 필요한 환경을 더 잘 알고 싶다는 단순한 마음이었다. 그러나 투구게, 붉은가슴도요, 다른 섭금류 종들이 생존을 위해 몸부림치고 있다는 사실이 분명히 드러나자, 프로젝트의 목표는 신뢰할 만

한 과학적 데이터를 제공하여 그들을 구하는 것으로 초점이 더 넓어졌다.

프로젝트에 참여하라는 초대를 받고 찾아온 나는 도착하자마자 업무에 투입되었다. 뒤 베란다에서 두 학생을 도와 라임색 플랙을 번호순으로 철사 줄에 끼우는 일이었다. 운이 좋아 우리가 새들을 잡게 된다면 바로 그 플랙을 새 다리에 둘러 줄 것이다. 우리는 내일 밴드 묶기 작업을 할 수 있기를 바라고 있었다. 그 여부는 날씨에 따라, 그리고 충분히 많은 새를 그물로 유인할 수 있느냐에 따라 결정될 것이다.

노란 오두막은 대학 클럽 하우스처럼 바삐 돌아갔다. 곳곳에 웅덩이가 파인 대문 앞 흙길 양쪽으로 트럭과 밴이 주차되어 있다. 부엌 개수대에는 접시가 산처럼 쌓였고 거실에는 여기저기 지도가 널렸다. 긴 탁자에 한 줄로 놓인 모니터들은 과학자들이 데이터를 입력하는 동안 24시간 빛을 뿜었다. 벽에는 그래프와 조수간만표와 작업 배정표가 붙어 있다. 만을 굽어보는 뒷문에서는 학생들이 근처 여러 해변에서 양동이에 담아 온 모래를 체로 치면서 모래 속 투구게 알을 족집게로 집어내어 따로 보관한다. 예전에 채취했던 표본들과 알 밀도를 비교하기 위해서다. 늦은 오후 밀물이 오두막 아래 기둥들을 철썩철썩 때리는 동안, 만을 바라보는 작고 노란 오두막의 벽 안에서는 모르긴 해도 십여 가지 연구가 동시에 벌어지고 있었을 것이다.

5월 22일은 붉은가슴도요들이 봄에 델라웨어 만으로 찾아오는 기간의 중간점에 해당한다. 투구게 알 성찬을 기대하는 붉은가슴도요들이 지난 일주일가량 날이면 날마다 쏟아져 들어왔다. 투구게 산란은 약 일주일 전에 무사히 끝났지만, 예전보다 투구게 개체수 자체가 확 줄었기 때문에 물새들이 모두 먹을 만큼 알이 많이 있는지는 알 수 없다. 지금까지 상황으로 보아 알은 만 어귀 가까이에 듬성듬성 떨어진 서너 개 해변에 주로 묻힌 듯하다. 오늘의 의문은 이렇다. 새들이 그 해변을 찾을 수 있을까?

11시 30분에 래리 나일스가 문을 쾅 닫고 들어온다. 나일스는 다부지고 직선적인 사람이다. 자신이 책임자라는 사실을 모두에게 분명히 인식시킨다. 그가 우리에게 여기에서 몇 킬로미터 떨어진 노스피어시스포인트 해변에서 붉은가슴도요, 꼬까도요, 세가락도요가 섞인 거대한 무리가 먹이를 먹는 장면을 정찰 나간 사람들이 목격했다고 알린다. 우리는 그 새들에게 밴드를 묶을 것이다. 밀물은 오후 2시로 예정되어 있다. 늦어도 한 시간 전까지 해변에 그물을 설치해 두어야 한다.

나는 샌드위치 조립 라인에 한 자리를 차지하고 앉아 최대한 잽싸게 빵에 마요네즈를 바른다. 다른 사람들은 물통을 채우고, 아이스박스를 채우고, 장비를 차에 싣는다. 정오쯤 목적지에 도착한 우리 스물다섯 명은 차에서 우르르 내려 도구를 챙긴다. 거대한 그물망, 초록 방수 천, 밧줄 꾸러미, 발사포로 쓸 철제 관과 발사체, 기폭 장치, 음식과 물…… 이것들을 모랫길로 끌고 가서 작은 초승달 모양의 해변에 인접한 잡초 늪지 공터에

새에게 밴드 묶기

존 제임스 오듀본은 북아메리카에서 처음으로 새에게 밴드를 묶었던 사람으로 알려져 있다. 1803년 오듀본은 아버지의 농장에 둥지를 튼 새들의 다리에 가벼운 은실을 묶었다. 이듬해, 기쁘게도 새들은 같은 둥지로 돌아왔다. 오늘날은 연방정부의 허가를 받아 자격을 갖춘 사람 수천 명이 미국에서만 100만 마리 넘는 새들에게 고리를 채우고 있다. 밴드를 묶는 목적은 새를 해치거나 부담을 주지 않으면서도 개별 개체를 식별할 수 있도록 하여 그들의 움직임과 습성과 생활사를 연구하기 위해서다. 그 목적에 성공하려면 밴드를 묶은 새를 다시 목격해야만 하는데, 오랫동안 그것은 밴드를 찬 새를 다시 붙잡는다는 뜻이었다. 금속 밴드에 새겨진 숫자가 너무 작고 희미해서 망원경으로도 식별하기 어려웠기 때문이다. 그러나 요즘은 레이저로 알파벳과 숫자 조합을 큼지막하게 새긴 플랙이 쓰이므로(B95도 그렇다) 스코프로 쉽게 알아볼 수 있다. 현재 생존한 붉은가슴도요 루파의 10~15퍼센트는 밴드를 찬 것으로 추정되는데, 이것은 모든 물새 종을 통틀어 아마도 가장 높은 비율이다.

부린다.

우리 중 열 명은 해변 작전을 준비한다. 먼저 발사포. 해변 위쪽에 서로 12미터쯤 거리를 두고 구멍 세 개를 판다. 길이가 1미터쯤 되는 무거운 철제 관을 구멍에 하나씩 넣는다. 관마다 세심하게 양을 정한 흑색화약을 채우고, 길쭉한 철봉을 넣는다. 철봉 끝에는 그물을 매달 고리가 달려 있다. 사출 포획 기법의 세계 최고 전문가인 클라이브 민턴 박사가 세 발사체의 높이와 각도가 바람과 기상 조건에 맞는지 꼼꼼하게 점검한다. 관마다 긴 도화선이 연결되어 있고, 그 끝은 풀숲에 숨긴 발포 장치에 이어져 있다.

'델라웨어 만 섭금류 프로젝트'의 공동 지도자인 래리 나일스가 포획을 준비하면서 해변을 돌아보고 있다.

다음은 그물. 길고 고운 그물을 발사포 세 대 앞에 내려놓고 해변에 활짝 펼친다. 그물은 붉은색이고 크기는 테니스장만 하다. 여섯 명이 그물 뒤쪽 밧줄을 밟고 서고 심지어 발사포에도 올라선 뒤, 그물을 조금씩 자기 배로 끌어당겨서 늘어진 것을 거둬들인다. 이제 그물은 빈틈없이 똘똘 만 카펫처럼 해변에 놓여 있다. 우리는 그물 앞쪽 밧줄이 맨 위로 오게끔 신경 쓴다. 그래야만 발사포가 터지고 발사체가 날아서 그물을 해변에 펼칠 때 그물이 적절한 순서로 좌르륵 열리기 때문이다. 래리가 그물과 발사체를 묶는 밧줄을 단단히 동인다. 우리는 그물을 모래 밑에 쑤셔 넣고 그 위를 매끄럽게 다듬어 위장한다. 마지막으로 파도에 밀려온 해초를 조금 덮으니 정말 자연스러워 보인다. 적어도 우리 눈에는. 우리는 새들도 동의하기를

▶ "셋, 둘, 하나." 펑! 델라웨어 만 해변에서 먹이를 먹던 물새 떼를 그물이 덮친다.

바란다.

12시 30분에 우리는 해변을 떠나 키 큰 늪지 풀숲 뒤에 숨는다. 이제 기다리는 것 말고는 할 일이 없다. 만조가 되어 밀려드는 바닷물에 새들이 점점 더 좁은 공간으로 깡충깡충 밀려나기까지는 한 시간 넘게 남았다. 우리는 야외용 접이의자나 플라스틱 장비통 위에 앉아 선크림을 바르고 가급적 조용히 있으려고 노력한다.

래리가 몸을 일으켜 쌍안경으로 풀숲 너머 해변을 본다. 해변은 바다로 열린 작은 개울에 의해 반으로 나뉘어 있다. 개울 양쪽에 모두 새 떼가 있다. 우리는 새들이 다들 우리 쪽으로 건너와 한 무리로 뭉치기를 바란다. 그러면 나중에 밀물이 그 무리를 그물망 앞으로 밀어 줄 것이다. 래리는 대충 200마리쯤 보이지만 뿔뿔이 흩어져 있다고 말한다. 나는 궁금하다. 그중에 B95가 있을까?

작업반 중에서 해변에 파견된 피터 풀라거와 마크 펙은 무전기로 래리

와 소통한다. 피터와 마크는 오전 내내 새들을 관찰하며 위치를 무전으로 알렸다. 이제 바닷물이 착실히 들어오는데도 새들이 개울 양쪽에 나뉘어 있으니, 새들을 슬쩍 '몰아서' 하나로 뭉치게 할 필요가 있다. 새를 몬다는 것은 새 떼에게 가까이 다가가서 슬쩍 찌름으로써 특정 방향으로 조금 움직이도록 부추기는 것이다. 물론 새들이 겁먹고 날아오를 만큼 세게 찔러서는 안 된다. 세상에는 이 일에 재주를 타고나는 사람이 있는데, 피터와 마크가 그런 일류 새 몰이꾼이다.

무전기가 지직거린다.

래리: "새들을 우리 쪽으로 옮기기 시작하세요. 세게 찌르지는 말고. 살짝만. 아주 부드럽게, 아주 조금만 압박을 가해요. 그쪽에 새가 몇 마리나 있지요? 오버."

피터: "붉은가슴도요 백 마리, 꼬까도요 백오십 마리, 세가락도요 스무 마리쯤입니다. 오버."

몰이꾼이 부드럽게 압박을 가하자 새들이 정말로 개울을 건너 우리 쪽으로 넘어온다. 그러나 두세 마리씩 건너올 뿐이다. 성공적인 포획을 위해서는 새가 더 많아야 한다. 래리가 우리에게 몸을 돌리며 사정거리에 새가 많지 않지만 한 시간쯤 더 기다릴 수 있을지 모른다고 소곤소곤 알려 준다. 애초에 발사 기회가 있어야 말이지만. 나는 휴대전화가 꺼져 있는지 다시 한 번 확인한다.

상황이 갑자기 바뀌기 시작한다. 왜 그런지 몰라도 새들이 열 마리 스무 마리씩 개울을 건너오기 시작한다. 새 떼는 하나로 뭉쳤고, 이제 그물 코앞에서 수백 마리가 먹이를 쪼고 있다. "준비하세요!" 래리가 낮게 이른다. 모두가 출발선의 단거리 주자처럼 쭈그린다. 다부진 백발의 뉴질랜드

새 포획하기

"어떤 종류이든 동물을 잡을 때는 위험이 따릅니다." '뉴저지 멸종위기종 및 밀렵금지종 프로그램'에서 일하는 섭금류 전문 생물학자 어맨다 데이 박사는 말한다. "그러나 동물의 생활과 이동 경로를 알아보려면 하는 수 없이 손을 대야 할 때가 있습니다. 그럴 때는 최대한 조심스럽고 세심하고 빠르게 처리한 다음 그들이 원래 하고 있어야 하는 일로 돌려보내야 합니다. 클라이브 민턴과 험프리 시터스는 사출 포획 작업의 프로토콜, 즉 지켜야 할 일련의 단계와 규칙을 정립했습니다. 각 단계가 바로 앞 단계에서 이어지게 되어 있습니다. 그 목적은 어느 단계에서든 새가 느끼는 스트레스를 최소화하는 것입니다."

"나는 팀에서 동물의 권리를 지키는 역할을 합니다. 사망 사고가 없지는 않아요. 죽는 새가 나옵니다. 다만 극히 드물게 발생합니다. 나는 포획 전에 모두가 충분히 설명을 듣도록 신경 씁니다. 우리는 새를 어떻게 쥐어야 스트레스를 적게 가하는지 배웁니다. 각자 어떤 일을 맡았고 그 일을 어떻게 해야 하는지 점검합니다. 그래야만 흥분한 나머지 사고가 발생하는 것을 막을 수 있습니다. 우리가 얻은 데이터는 새들을 보호하는 데 도움이 됩니다. 나는 새를 만질 일을 떠올리면 속으로 이렇게 묻고 또 묻습니다. '이 일이 공정한가? 유익함보다 피해를 더 많이 끼치는 것은 아닐까?' 나는 우리가 하는 일이 중요하고 앞으로도 계속해야 한다고 믿습니다. 그런데도 포획에 나설 때마다 매번 속이 찜찜해요. 그렇지 않은 사람은 이 일을 해서는 안 되는 겁니다."

사람 딕 베이치는 발사 장치로 몸을 기울이고 손가락을 올려 둔다. 우리가 머릿속으로 각자 임무를 짚어 보는 동안 머리 위에서 갈매기들이 끼룩거린다. 갑자기 래리가 빠르게 숫자를 센다. "셋, 둘, 하나." 그리고 발사포들이 소리 죽인 폭발음을 낸다. 펑!

우리는 속삭거리는 풀을 헤치고 탁 트인 해변을 향해 전력 질주한다. 그물망은 몸부림치며 재잘거리는 물새들로 꿈틀거린다. 그물 앞쪽이 파도에 떨어졌기 때문에 새들이 물에 갇혔다. 당장 구해 주지 않으면 익사할 것이다. 우리 중 여섯 명은 물속으로 몸을 던져 가지런한 간격을 두고 그물을

그물이 발사된 직후 작업자들이 달려가서 물에 갇힌 새들을 풀어 주고 있다.

따라 선 뒤, 그물 밑으로 팔을 쑥 집어넣어 동시에 들어 올린다. 그러면서도 자세를 낮게 유지해서 가슴과 허벅지로 그물을 해변에 밀어 올려야 한다. 다른 사람들은 그물 뒤쪽으로 달려가서 그 위를 밟고 서기도 하고 모래를 덮어 누르기도 한다. 해변에서 그물에 갇힌 새들이 그물 밑으로 기어 나가지 못하도록 막는 것이다. 그러고는 즉시 짙은 초록 방수포로 그물 전체를 덮는다. 새들을 햇살로부터 보호하고, 또한 새들이 캄캄한 곳에서 차분해지도록 만드는 것이다.

래리, 어맨다 데이, 그 밖의 숙련된 일꾼들이 젖은 모래에 무릎을 꿇고 방수포를 조금씩 젖혀 그물에 걸린 새를 풀어내기 시작한다. 나는 얼른 빈 상자를 가져와서 새를 푸는 작업자 뒤에 대기한다. 우리는 붉은가슴도요, 꼬까도요, 세가락도요를 각기 다른 상자에 담을 것이다. 새를 푸는 작업자가 손을 공중으로 치들면서 외친다. "붉은가슴도요!"

"붉은가슴도요!" 나는 내게 붉은가슴도요 상자가 있다는 뜻으로 복창한다.

나는 새를 받아서 상자 위쪽 구멍으로 부드럽게 밀어 넣는다. 상자는 바닥에 초록 천이 깔려 있고 입구는 찍찍이가 달린 뚜껑으로 여닫게 되어 있다. 나는 열두 마리가 될 때까지 붉은가슴도요를 담는다. 그리고 재재거리며 흔들리는 상자를 해변 위쪽으로 가져간다. 그곳에서 다른 작업자가 내 새들을 받아 '대기 상자'에 옮긴다. 새들은 햇살이 잘 차단되어 더 어둡고 더 넓은 그곳에서 그물에 걸린 친구들이 모두 풀려날 때까지 대기할 것이다. 나는 연거푸 상자를 들고 돌아가 새를 채워 온다. 자원봉사자가 워낙 많기 때문에 300마리가 넘는 새를 풀고 분류하는 일이 30분이면 끝난다.

이제 가장 중요한 데이터를 수집할 차례다. 우리는 접이식 천 의자를 모래사장으로 끌고 가서 둥그렇게 세 무리로 정렬한다. 그리고 팀을 나눈다. 한 팀은 붉은가슴도요, 다른 팀은 꼬까도요, 마지막 팀은 세가락도요를 맡을 것이다. 우리 임무는 새 한 마리 한 마리에게 밴드를 묶고 길이와 몸무게를 재는 것이다. 나는 기쁘게도 붉은가슴도요의 몸무게를 재는 일에 배정되었다. 맨디라는 별명으로 통하는 어맨다가 우리 팀에서 붉은가슴도요에게 밴드를 묶을 것이다. 빌은 캘리퍼스로 부리와 바깥쪽 일차 깃털 길이를 잴 것이다. 클라이브 민턴의 누이인 앤절라는 첫 서른 마리에게서 피를 조금씩 뽑을 것이다. 나중에 성별을 알아보기 위해서다. 크리스티는 수치를 기록할 것이다.

모두가 B95에 촉각을 곤두세우고 있다. B95는 델라웨어 만에서 스무 번 넘게 목격되었지만 이곳에서 붙잡힌 적은 한 번도 없다. 우리 팀 사람 중 몇 명은 직접 B95를 목격했다. B95가 다섯 달 전 티에라델푸에고에서 목격되었다는 사실은 다들 알고 있다. 그러니 그가 아직 살아서 여기 어딘가 있을 가능성이 충분하다. 전설의 새가 또 한 번 델라웨어 만에 당도했다는 사실을 확인하는 것만큼 우리를 기쁘게 할 소식은 없을 것이다.

우리는 옷을 몇 겹 벗고, 구름 한 점 없는 하늘에서 작열하는 태양으로부터 눈을 보호하기 위해 야구 모자를 눌러 썼다. 예상치 못한 오후 열기 때문에 데이터를 신속히 수집하여 새들이 붙잡힌 시간을 단축하는 것

연구자가 붉은가슴도요의 깃털이 얼마나 닳았는지 살펴보고 있다.

이 더더욱 중요해졌다. 맨디가 대기 상자에서 붉은가슴도요 한 마리를 꺼내고 내가 어제 꿰었던 철사 줄에서 플라스틱 플랙을 하나 뽑는 것으로 우리 조의 작업을 개시한다. 맨디는 붉은가슴도요의 오른쪽 다리 위에 플랙을 부드럽게 감고 펜치로 양 끝을 찍는다. 밴드가 라임색인 것은 미국에서 묶었다는 뜻이고, 밴드마다 A24 하는 식으로 특정 알파벳과 숫자 조합이 새겨져 있다. 맨디는 새를 빌에게 건넨다. 빌은 날개와 부리 길이를 잰 뒤 새를 내게 넘긴다.

나는 작은 탁자에 디지털 저울을 올리고, 저울 위 요람처럼 생긴 고정대에 마분지로 된 통을 밀어 넣는다. 내 임무는 새를 통에 넣고—내 손의 무게가 함께 측정되지 않도록 잠깐 손을 치운 뒤—디지털 판독기에 찍힌 수치에서 요람 무게를 뺀 값을 불러 주는 것이다.

나는 새들의 무게 차이가 크다는 사실에 놀랐다. 어떤 새는 남들보다

두 배 가까이 무거웠다. 내가 측정한 새 중 몇몇은 고작 90~100그램이었지만 다른 몇몇은 180그램대였다. 한 뚱보는 190그램이나 나갔다. 마분지 통에 녀석을 끼우기가 힘들 정도였다. 대개는 130~140그램 언저리였다.

생물학자들은 붉은가슴도요가 북극까지 쉬지 않고 날아가려면 델라웨어 만을 떠날 때 최소한 180그램이어야 한다고 본다. 거기에는 새가 북극에 도착하고서 첫 며칠 동안 그곳이 여태 지난겨울의 눈으로 덮여 있을 경우에 대비한 여분의 연료가 포함된다. 지금은 5월 22일이고 붉은가슴도요가 만을 떠나는 것은 보통 5월 28일 전후이므로 내가 측정한 새들 중 몸무게가 중간—130그램쯤—인 녀석들은 떠나기 전까지 매일 8그램씩 살을 찌워야 한다. 매일 몸무게의 약 6퍼센트를 불려야 하는 셈이다. 만일 내가 그렇게 하려면 하루에 4.5킬로그램 가까이 찌워야 할 테지만, 붉은가슴도요에게는 하루에 8그램씩 찌는 것이 전혀 문제없는 일이다. 해변에 투구게 알이 충분하기만 하면.

붉은가슴도요 조사가 시작된 1997년에는 포획된 새의 약 80퍼센트가 180그램 이상이었다. 그해 만에 찾아든 개체수는 5만 마리로 추산되었다. 그러나 지난 4년간은 포획 당시 180그램 이상인 새의 비율이 약 30퍼센트였고, 델라웨어 만에 당도하는 개체수는 약 1만 4,475마리로 추정되었다. 과학자들은 개체수와 몸무게의 감소를 모두 기록함으로써 붉은가슴도요 루파를 주 차원 및 연방 차원에서 멸종위기종으로 지정하여 보호하는 법안을 지지하려고 하며,

연구자가 붉은가슴도요의 부리 길이를 재고 있다. 수컷과 암컷은 몸길이에 대한 부리 길이의 비가 약간 다른 편이다.

나아가 서반구 전역의 중요한 기착지들을 보호하자고 주장하려고 한다.

내 저울에서 180~190그램을 기록한 새가 많다는 사실은 희망적인 신호이다. 해변에서 먹이를 충분히 찾은 새들이 있다는 뜻이기 때문이다. 120그램대로 가벼운 새들은 남아메리카에서 막 이곳에 당도했을지도 모른다. 그런 새의 가슴 깃털에 손가락을 두르면 피부 바로 밑에서 툭 불거진 가슴뼈가 느껴진다. 가벼운 새는 늦게 도착하여 남보다 뒤처진 만큼 더 열심히 먹어야 할 것이다. 몸무게는 많이 불려야 하는데 시간은 많지 않다. 새는 투구게 알을 엄청나게 먹어 치워야 할 것이다. 알을 찾을 수 있다면 말이지만. 최근에는 델라웨어 만에 평소보다 일주일 더, 그러니까 6월 3일이나 4일까지 머무르면서 연료를 더 채우는 새도 종종 보인다. 그 전략에는 위험이 따른다. 북극에 너무 늦게 도착하면 짝도 번식 영역도 모두 남들이 차지해 버렸을지 모르니까.

한 가지 희망적인 신호는 다음 주에 보름달이 뜬다는 사실이다. 그러면 두 번째로 한사리가 되어 투구게들이 산란하기에 이상적인 조건이 만들어질 것이다. 어떤 해에는 새들이 머무르는 동안 한사리가 두 번 발생하고 어떤 해에는 한 번만 발생한다. 올해는 벌써 한 번 있었다. 운이 좋고 기상 조건이 맞다면, 투구게들이 다시 한 번 알을 대량으로 낳아서 늦게 도착한 새들이 북극까지 3,200킬로미터를 날아가기에 충분한 살집을 찌우도록 도와줄 것이다.

우리가 붉은가슴도요를 손에서 손으로 넘기면 어떤 새는 찍찍거리고 버둥거린다. 어떤 새는 필사적으로 날개를 치면서 녀석을 몸무게 재는 통에 넣으려는 내 시도를 저지한다. 한 마리는 내 손아귀를 벗어나 모래사장으로 떨어진 뒤 퍼드덕거리며 도망쳤다. 그러나 그보다는 조용하고 수동적

델라웨어 만의 어부 프랭크 '섬퍼' 아이컬리

모두가 '섬퍼'라고 부르는 프랭크 아이컬리는 델라웨어 프레더리카의 52세 어부이다. 그는 '매기 S. 마이어스'라는 이름의 15미터 저인망 어선을 갖고 있다. 배에는 사슬로 연결된 갈퀴가 매달려 있고, 섬퍼는 그것으로 바다 바닥을 끌어 훑어 낸 해양 생물을 자루에 담는다. "나는 내 배를 '바다의 트랙터'라고 부르죠." 섬퍼의 말이다.

섬퍼는 젊어서부터 만을 훑는 일을 했다. 두어 해 전까지만 해도 출어할 때마다 투구게를 수백 마리 건져서 전 세계에서 온 미끼 낚시꾼과 식품 수출업자에게 팔았다. 그러나 최근 몇 년간 사정이 크게 달라졌다. 사람들이 섭금류와 투구게의 관계를 인식하고 두 집단의 개체수 감소에 주목하기 시작했기 때문이다. 투구게와 섭금류를 보호하기 위한 규제에 따라 이제 델라웨어 바다의 투구게 수확에는 엄격한 제약이 따른다. 섬퍼는 "상황이 변하고 나서는 바다에서 먹고살 수 없게 되었습니다."라고 말한다.

"물론 나도 투구게를 지나치게 긁어 들이는 사람들을 봤습니다. 하지만 해변에 올라온 투구게를 집어서 트레일러에 싣고 가는 사람들이 진짜 문제예요. 그런데 그 대가는 우리 어부들이 치르고 있지요."

섬퍼는 이렇게 덧붙였다. "붉은가슴도요를 존경해야 합니다. 녀석들은 가냘프고 자그만 장난꾸러기처럼 보이지만 어마어마한 비행을 하잖아요. 바다 하나를 건너는 것도 아니고 지구 반구를 완주하다니. 비바람을 맞으면서 말이지요. 나는 그저 투구게 개체수를 다시 불리는 방안이 나타나서 붉은가슴도요, 투구게, 어부 모두가 살아남기를 바랍니다."

인 새가 더 많다. 그런 새들을 손으로 만진다는 것은 엄청난 책임을 지는 일이다. 우리가 분명 새들에게 스트레스를 주고 있기 때문이다. 포획된 새는 소중한 에너지를 태우게 되고, 먹이를 먹는 일상적인 주기에서 이탈하게 된다. 도로 놓아주면 곧장 날아가는 새도 있지만 대부분은 비틀비틀 몇 발 걷고서야 정신을 차린다.

델라웨어 만에서 목격된 B95

웹사이트 www.bandedbirds.org에 따르면, B95
는 데이터베이스가 설립된 2005년에서 2009년까
지 델라웨어 만 인근의 여러 해변에서 총 23차례 목
격되었다. 한 번을 제외하고는 모두 5월 17일에서 5
월 25일 사이였고, 가장 자주 목격된 날짜는 여섯 차
례를 기록한 5월 19일이었다. B95는 보통 일찌감치
도착해서 필요한 만큼 충분히 살을 찌우는 듯하다.
B95가 델라웨어 만에서 포획된 적은 없다. B95를
보았다는 보고는 모두 쌍안경이나 관측용 스코프로
녀석의 오렌지색 밴드와 고유의 알파벳-숫자 조합
을 읽은 사람들이 올린 것이다. B95의 명성이 갈수
록 높아지고 있기에 모두들 녀석을 포착하려고 열심
이다.

아르헨티나 연구자 루이스 베네가스는 2009년 비
내리는 델라웨어 만 무어스 해변에서 B95를 본 순
간이 "인생에서 가장 행복한 날"이었다고 말한다.

마지막 새를 놓아준 뒤, 우리는 일어나
서 기지개를 켰다. 온몸이 쑤시는 걸 보니 쭈
그린 자세로 네 시간 가까이 앉아 있었다는
사실이 실감되었다. 총평하자면 대단히 성공
한 포획 작업이었다. 우리는 300마리 넘게
잡아 밴드를 묶고 검사했다. 그중 서른 마리
는 이전에 붙잡힌 적이 있어서 이미 밴드를
찬 재포획 새들이었다. 그중에서도 오늘 내
저울에 온 새들 중 세 마리는 아르헨티나를
뜻하는 오렌지색 밴드를 차고 있었다. 그때
마다 심장이 벌렁거렸지만, 결국 B95는 없
었다.

나중에 우리는 리즈 해변의 노란 집에
서 파스타와 샐러드를 먹다가 대화가 B95
이야기로 흘러갔다. 벌써 5월 22일인데 B95
를 보았다는 보고는 아직 들리지 않았다. 우리는 궁금했다. B95는 오늘 밤
에야 남아메리카에서 이곳에 도착할까? 일정에서 한참 늦은 채 몸무게가
100그램으로 떨어져 앙상하고 굶주린 몸으로? 아니면 B95는 일주일 전이
나 그보다 더 일찍 이미 이곳에 도착하여 지금은 벌써 뚱뚱하고 자신만만
해져 있을까? 어쩌면 나중에 북극에서 실시할 번식용 과시 비행과 짝을 찾
는 울음소리를 연습하고 있을지도 모른다.

누군가 하품하며 시계를 본다. 밤이 깊었다. 사람들은 의자를 밀고 일

쌍안경과 스코프로 새를 관찰하는 사람들.

어나 개수대에서 컵을 헹군다. 래리 나일스는 벽에 붙은 조수간만표를 소
리 내어 읽은 뒤 내일 해변을 정찰할 사람들에게 일정표를 나눠 준다. 이제
위층으로 올라가 침낭에 기어들 시간이다. 토론은 내일 해도 된다. 오늘 흥
분되는 현장 과학 활동을 함께한 노란 집 손님들이 지금 할 수 있는 일은
B95도 우리처럼 어딘가 안전하고 편안한 곳에서 이 밤을 보내기를 기원하
는 것뿐이다.

A Year on the Wind with the Great Survivor B95

MOON BIRD

북극 번식지

6월과 7월, 캐나다 북극권 중부

나는 동물들의 이동을 대지가 쉬는 숨으로 여기게 되었다.

봄은 대지가 빛과 동물들을 가득 들이마시는 계절이다.

여름은 그 숨을 오래 참고 있다.

이윽고 가을에 숨을 뱉으면 동물들은 모두 남쪽으로 내려간다.

– 배리 로페즈, 『북극을 꿈꾸다』 중에서

B95가 올해 델라웨어 만에서 북극권까지 안전하게 도달했는지 알아보는 유일한 방법은 번식기가 끝나 B95가 동료들과 함께 남쪽으로 내려와 중간 기착지에 들렀을 때 누군가 녀석을 목격하는 것뿐이다. 모든 붉은가슴도요가 이용하는 북극 번식지에서—알래스카보다 더 넓다—몇 에이커에 불과한 B95의 짝짓기 영역을 찾는 것은 거의 불가능한 일이다. 그러니 지금으로서는 가만히 기다리면서 기원하는 수밖에 도리가 없다.

새끼 시절

모든 붉은가슴도요 루파가 그렇듯이, B95는 희부연 빛이 하루 종일 비추는 캐나다 최북단의 끝없는 여름에 태어났다. B95는 아마도 1990년대 초

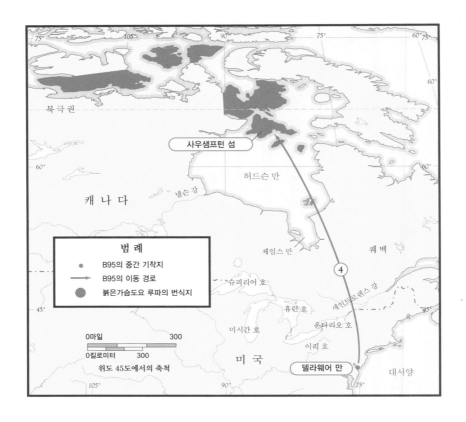

에 태어났을 것이다. 그보다 더 일렀을 수도 있다. B95는 네 형제자매 중 하나로 태어났을 것이다. 붉은가슴도요는 한배에 평균 네 마리를 낳기 때문이다. B95는 땅바닥에 얕게 파여 이끼를 두른 둥지 속에서 다른 세 알과 사이좋게 기대고 있던 알을 쪼아 밖으로 나왔다. B95의 어미는 소중한 네 알을 둥지에 낳느라고 몸무게의 60퍼센트가 빠졌을 것이다.

B95의 부모는 석 달 동안 14,000킬로미터를 날고 연료를 보급하고 이동한 끝에 6월 초 캐나다 북부에 도착했다. 깃털은 붉은색으로 밝아졌지만, 셀 수 없이 많이 날갯짓을 한 탓에 비행깃 깃가지가 죄다 너덜너덜해졌

다. B95의 부모는 예전부터 서로 짝이었고 그해에도 용케 서로를 만났을 가능성이 높다. 어쩌면 델라웨어 만에 있을 때 아비가 짝을 부르면서 낸 소리를 어미가 들었을지도 모른다. 둘은 같은 무리에 섞여 북쪽으로 날아온 뒤, 북극 남부와 중부의 드넓은 번식지에서 새들이 사방으로 흩어질 때 함께 움직였을지도 모른다.

　　이곳 북극 툰드라는 탈색된 돌멩이와 거친 잡초, 그리고 붉은가슴도요들이 도착했을 때는 아직 얼어 있을 때가 많은 얕은 웅덩이가 여기저기 널린 광활한 사막이다. 동물이 눈밭을 뽀드득 밟거나 우는 소리, 얼음장이 총성처럼 빠직 깨지는 소리를 제외하면 들리는 소리라고는 시도 때도 없이 울부짖고 신음하고 휘파람 부는 바람 소리뿐이다. 북극의 긴 여름 낮은 빛에 잠겨 있다. 태양이 제일 높이 떴을 때는 돌멩이마저 하얗게 빛을 발한다. 맑은 날 태양이 지평선 가까이 나지막이 가라앉으면, 식물의 작디작은 종자 머리부터

번식 준비

붉은가슴도요는 번식을 준비하는 과정에서도 몸을 바꾼다. 어떤 수컷은 북극에 도착하기 전부터 성 충동을 드러낸다. 델라웨어 만에서부터 과시용 비행과 짝을 찾는 울음을 연습하는 것이다. 그러나 충동에 따라 행동할 수는 없다. 비행 중에는 몸무게를 줄여야 하기 때문에 수컷의 생식기는 번식지에 도착해서야 발달한다. 암컷은 더 큰 변화를 겪는다. 암컷이 낳을 네 알은 주성분이 칼슘인데, 북극에서 먹는 곤충에는 칼슘이 적다. 그래서 암컷은 북극으로 출발하기 **전에** 최대한 칼슘을 먹어 두고 그것을 주로 다리에 저장한다. 알의 재료를 번식지까지 운반하는 셈인데, 그렇다고 너무 많이 가지고 갈 수는 없다. 그랬다가는 짐이 되어 날다가 떨어질 것이다. 딱 적당한 정도로만 취해야 한다. 과학자들은 암컷 붉은가슴도요가 칼슘 필요량의 약 3분의 1을 북극으로 가지고 간다고 추측한다.

붉은가슴도요의 가슴팍까지 모든 것이 횃불로 밝힌 듯 따스한 붉은빛을 발한다.

　　B95가 태어난 해가 전형적이었다면, 그 부모는 캐나다 북부에 도착한 뒤 첫 며칠 동안 먹을 것이 거의 없었을 것이다. 수북한 눈이 자갈 등성이에 쌓였을 것이고 평지도 대부분 덮었을 것이다. 태양이 거의 하루 종일

수컷 붉은가슴도요가 암컷에게 구애하며 관심을 끌기 위해 능력껏 현란한 춤을 추고 있다.

하늘에 낮게 걸려 있으면서 차츰 눈을 녹여 마른 땅이 점차 넓어지고 있겠지만 말이다. 새들은 델라웨어 만에서 축적한 투구게 알 지방을 마저 태우고 땅에 돋은 범의귀 순이나 지난 계절이 남긴 시로미를 찾아 먹으면서 버틴다.

여름 낮이 길어지면, 마침내 태양이 새들에게 포상을 베푼다. 새들이 아르헨티나에서 이곳까지 기어이 날아온 것은 다 그 포상 때문이다. 벌레! 곤충들이 셀 수 없이 많이 나타나는 것이다. 대부분은 몸속에 동결을 막는 화학물질이 있어서 눈 속에서 겨울을 난 모기들인데, 얼음이 녹고 땅이 폭신폭신해지면 이윽고 녀석들이 풀려난다. 모기들은 고인 웅덩이에 곧장 알을 낳아 단백질이 풍부한 유생을 잔뜩 생산한다. 이 또한 붉은가슴도요들의 먹잇감이다. 벌레들은 혹독하고 거센 바람 때문에 땅에서 가까운 높이에 머무를 수밖에 없으므로 게걸스러운 새들의 사정거리에 든다. 새들은 웅덩이 가장자리에서 연신 벌레를 낚아챈다. 시간이 좀 더 흐르면 깊은 호수도 녹는다. 그러면 또 한 번 단백질이 풍성하게 공급된다. 이끼 덮인 고지대에서 거미들이 알을 까는 것이다. 이제 대지는 향기롭고, 툰드라는 어디나 곤충과 먹이로 넘친다!

B95의 아비가 될 새는 작업에 착수한다. 새는 툰드라의 일부를 자신만의 번식 영역으로 선언한다. 사람이 보기에는 특별할 것이 하나도 없는 장소이지만 새는 그 안의 모든 바위, 등성이, 덤불, 웅덩이를 속속들이 안다. 그곳은 새가 목숨을 주고라도 지킬, 둘도 없는 신성한 영역이다.

새는 하늘로 날아올라 자신이 짝으로서 얼마나 튼튼한지를 선전한다. 먼저 빳빳한 날개를 파르르 떨면서 공중으로 150미터 가까이 솟구친다. 꼭대기에 도달하면, 날개를 어깨 위로 들어 올리고 몸을 아래로 기울인 자세로 짧게 세 번씩 울고 또 울면서 떨어진

북극에서 붉은가슴도요 연구하기

"붉은가슴도요는 북극 종 중에서도 조사하기가 까다롭다." 생물학자 래리 나일스는 이렇게 썼다. "우리가 둥지에서 1미터까지 다가갔는데도 알을 품은 붉은가슴도요는 미동 없이 앉아 있었다. 다른 물새라면 더 먼 거리에서 이미 날아오른다."

2001년 나일스는 붉은가슴도요가 실제 둥지를 트는 영역을 최초로 발견했다. 나일스는 델라웨어 만에서 붉은가슴도요 몇 마리에게 전파 발신기를 부착한 뒤 그들을 따라 북극으로 갔다. 그리고 프로펠러 비행기를 빌려 아무런 특징 없는 번식지 상공을 격자 패턴으로 차례차례 훑으면서 내내 헤드폰을 낀 채 무선 신호가 감지되는지 골똘히 귀 기울였다. 희미한 삐 소리를 들었을 때, 그는 마침내 행운이 왔음을 알아차렸다. 새들은 허드슨 만 입구에서 가까운 사우샘프턴 섬에 둥지를 틀고 있었다. 둥지는 광활한 영역에 드문드문 퍼져 있어—제곱마일(축구장 300배 넓이—옮긴이)당 두 개가 안 될 때도 있다—찾기가 대단히 어려웠다.

모기철에 북극에서 연구하는 생물학자는 반드시 피부를 보호해야 한다.

붉은가슴도요의 네 알은 툰드라 식생에 녹아들어 포식자에게 잘 띄지 않는다(왼쪽). 곧 부모가 될 새가 알을 따뜻하게 품고 있다(오른쪽).

다. 그러다가 땅에 부딪치기 직전에 수평 활공으로 부드럽게 바꾸고, 두 음으로 구성된 멜로디로 노래를 바꾼다. 마지막으로 날개 끝을 아래로 향하고 재빨리 떨면서 다시금 툰드라 상공으로 솟구쳤다가, 도로 활공하며 내려와서 날개를 쭉 뻗은 채 자신이 고른 짝 곁에 내려선다.

B95의 아비는 이끼 낀 돌멩이와 덤불 사이에 숨은 장소를 발견하여 땅바닥에 구멍을 판다. 그리고 짝과 함께 그 속을 이끼와 나뭇잎으로 채운다. 며칠 뒤 구멍에는 알 네 개가 놓인다. 이후 3주 동안 두 새는 번갈아 가며 알을 품어 밤낮으로 따뜻하게 지키면서 부모의 의무를 나눈다.

그로부터 3주쯤 지난 7월 초, B95가 알껍데기를 쪼고 밀고 버둥거리면서 밖으로 나온다. B95는 처음에는 비틀거리지만 몇 시간 만에 거의 모든 일을 다 할 수 있다. 만 하루도 되지 않아 걷고, 사냥하고, 경이로운 검은 부리로 먹이를 먹는다. 아직 비행깃은 없지만 온몸에 난 보드라운 솜털이 따뜻하게 지켜 준다. 부화한 지 몇 시간 만에 B95와 형제자매는 땅바닥 둥지를 버리고 부모를 따라 툰드라를 걸어서 웅덩이로 간다. 그곳에서 다른 물새들과 함께 곤충을 먹기 시작한다.

자연은 B95가 빠르게 독립하도록 계획을 짜 두었다. B95는 얼른 자라야 한다. 부화한 지 며칠 만에 어미가 다른 암컷 어른들과 함께 옅은 하늘로 나선을 그리며 날아올라 멀리 가 버렸기 때문이다.

아비와 다른 수컷 어른들은 뒤에 남아 깊은 밤 안전하고 따뜻하게 새끼를 지키고 포식자로부터 보호한다. 위험은 도처에 있다. 북극도둑갈매기는 툰드라 상공을 맴돌며 이제나저제나 물새 알과 새끼를 낚아채려 한다. 기척 없이 살금살금 오가는 흰 북극여우와 흰올빼미도 늘 근처에 있다. B95는 아비의 날카로운 울음이 '그 자리에 꼼짝 말고 있으라'는 뜻임을 금방 배웠다. 아직 날지 못하는 B95의 유일한 방어책은 꼼짝 않고 가만히 있으면서 얼룩덜룩한 깃털이 잡초와 돌멩이 사이에서 잘 가려지기를 기대하는 것뿐이다. 여우가 너무 가까이 다가오면, 슥슥 다가와 킁킁 냄새 맡고 끝내 발을 들어 B95를 밟으려 하면, B95의 아비는 날카로운 경고음을 내면서 순간적으로 날아오른다. 포식자는 곧잘 속는다. 새끼 대신 아비를 쫓는 것이다. 그러나 막판에 어른 새가 안전한 방향으로 휙 틀어 날아가 버리므로 포식자는 먹잇감을 다 놓치고 만다.

B95는 아주 빨리 자란다. 보송보송한 솜털이 빠지고, 가장자리가 흰

눈 덮인 풍경에서
매끄러운 흰 털이 눈에 띄지 않는 북극여우는
어린 물새들의 치명적 포식자다.

회갈색 깃털이 처음 난다. 검은 다리는 노리끼리하게 옅어졌다. B95는 언제나 배가 고프다. 하루 중 어느 순간도 완전히 캄캄해지는 않기 때문에, B95는 하루 종일 해안가나 물이 스민 곳에서 유충을 쪼아 먹을 수 있다. 가끔은 언덕으로 올라가서 덤불이란 덤불 아래마다 기어 다니는 듯한 거미를 잡아먹는다. 딱정벌레와 거세미 유충도 있다. 그러나 설령 곤충이 없더라도 적응력이 강한 붉은가슴도요는 사초 씨앗, 쇠뜨기, 잡초 새순을 먹고 살아갈 수 있다.

B95의 부리는 먹이를 찌를 만큼 발달하지 않았기 때문에 대신 웅덩이 표면에서 먹이를 떠먹는다. 새로 난 날개 깃털도 시험한다. 처음에는 비행이 짧고 근들거리지만 차츰 고도, 속도, 거리가 는다. 툰드라를 휩쓰는 질풍에 몸을 맡긴 채 비스듬히 몸을 기울이고 항로를 바꾸는 법도 터득한다. 그러던 어느 날, 바람이 거세어지고 공기에 살짝 한기가 느껴지던 날, B95의 아비마저 사라졌다. 아비는 다른 어른 수컷들과 함께 날아가 버렸다.

태어난 지 한 달도 안 된 B95와 새끼들은 자기들끼리 남았다. 새끼들은 착실히 먹고, 갈수록 무겁고 강해지며, 비행깃을 훈련하고, 어른의 보호 없이 스스로 위험을 감지하는 법을 익힌다. 그렇게 툰드라에 머무르며 8월 초가 된 어느 날, 새끼들은 문득 떠나고 싶다는 욕구에 사로잡힌다. 그것은 생각이나 의견이 아니다. 강력한 조바심이다. 황량한 북극 번식지에 있는 모든 새끼 새가 동시에 조바심에 사로잡힌다. 여름이 흘러가고 있다. 떠날 시간이다.

B95의 새끼 시절은 끝났다. 비행깃은 잘 발달하여, 생존 능력에 도전하는 진지한 시험을 치를 준비가 되었다. 훗날 사람들에게 붉은가슴도요 루파를 통틀어 가장 위대한 비행 선수로 알려질 B95는 앞으로 무수히 겪

을 마라톤 비행을 처음 경험할 채비를 갖추었다. 그리고 어느 날, 다른 새끼 붉은가슴도요들과 함께, B95는 날개를 쳐들고 위로 올라 하늘을 나는 삶을 시작했다.

어맨다 데이
철새 생물학자

어맨다 데이 박사는 '뉴저지 멸종위기종 및 밀렵금지종 프로그램'의 수석 동물학자로 2001년부터 붉은가슴도요를 연구하며 새들을 따라 서반구를 누비고 있다. 데이는 철새를 전문으로 연구하는 생태학자다. '델라웨어 만 섭금류 관리 계획'을 감독하고 있으며, 관찰자들이 밴드를 찬 섭금류를 목격했을 때 보고할 수 있는 인터넷 기반 시스템을 구축하고 있다. 또한 동료들과 함께 섭금류가 발견된 장소를 모두 표시한 지도를 제작하고 있고, 서반구 전역에서 철새 섭금류의 이동을 추적하는 기법을 다듬어 가는 중이다.

"나는 평생 야생동물 생물학자가 되고 싶었습니다." 데이의 말이다. "철로 옆 하수구에서 올챙이를 들여다본 것이 시작이었지요. 어머니는 늘 새를 가리키면서 알려 주곤 했어요. 우리 가족은 뉴저지 해변에 집이 있었는데, 나는 만에서 그물로 게나 해마나 복어를 건지면서 몇 시간씩 즐겁게 놀았지요. 야외에서 노는 게 좋았어요."

그러나 고등학교를 졸업한 뒤 데이는 생물학자의 꿈을 추구하기를 망설였다. 대학 수준의 수학과 과학 수업을 따라갈 수 있을까 겁이 났던 것이다. 데이는 대신 비서로 일했다. 자신감은 스물일곱 살에야 찾아왔다. "그냥 무조건 덤볐어요. 대학에 등록하고, 기초 대수부터 미적분까지 모든 수학과 과학 수업을 다 들었지요. 지금은 그 지식을 늘 활용한답니다. 문제 풀이에는 대수를 이용하고, 그래프를 읽고 데이터 분

▲ 어맨다 데이가 물새 중에서도 좋아하는 검은물떼새를 안고 있다.

포를 이해할 때는 통계를 이용하지요. 학교에서는 연구 기법도 배울 수 있었습니다."

데이와 남편 래리 나일스는 붉은가슴도요 루파의 연간 이주 경로를 모조리 따라다녔다. 데이는 특히 북극을 사랑한다. "그곳은 사막 같아요. 조용하고 휑하고 아름답지요. 하지만 그곳에서는 우리가 대장이 아니라는 사실을 늘 명심해야 합니다. 그곳에서는 북극곰이 왕이지요. 북극곰이 먹이사슬의 꼭대기에 있어요. 몇 년 동안 우리는 북극곰 발자국만 보았는데, 어느 해인가 곰 여섯 마리가 일찌감치 빙산을 떠나 우리 텐트 근처 산등성이로 이동하는 게 아니겠어요. 북극곰은 소리 없는 포식자랍니다. 이따금 잊지 말고 주변을 둘러보아야 하고 하이킹을 할 때도 잘 살펴야 합니다. 북극곰이 위협해 오면 폭죽을 쏘아서 녀석이 겁먹고 물러나기만을 바라야 하죠."

지난 몇 년 동안 데이와 나일스는 캐나다 북극권에서 붉은가슴도요의 번식을 연구했다. 가장 오래 연구한 장소는 사우샘프턴 섬의 넓이 10헥타르 구획인데, 안 좋은 소식이 좀 있다. "첫 해에는 연구 영역 내에 둥지가 열 개 있었습니다. 지금은 하나나 두 개로 줄었지요. 심지어 2005년에는 하나도 없었습니다."

왜 붉은가슴도요를 연구할까? 데이는 이렇게 대답했다. "붉은가슴도요는 매혹적이에요. 정말로 배타적인 무리를 이루지요. 늘 단단히 뭉쳐서 돌아다닙니다. 여행도 함께 하고요. 게다가 섭금류는 약자입니다. 우리가 야생동물의 대변자가 되어 그들을 위해 나서야 합니다. 나는 델라웨어 만에 모이는 모든 연구자와 자원봉사자의 선의에 의욕을 느낍니다. 전 세계 사람들이 새들을 도우려고 애쓰고 있어요. 장담하는데, 한 번이라도 자기 손으로 새를 안아 본 사람은 영영 바뀐답니다. 그 후로는 매년 이곳에 오게 되지요. 새들에게는 최대한의 도움이 필요합니다. 나는 끝까지 새들을 도울 결심이에요."

A Year on the Wind with the Great Survivor B95

MOON BIRD

밍간,
전조를 엿보는 장소

7월과 8월, 캐나다 퀘벡의 밍간 군도

천 리 길도 한 걸음부터.
- 노자老子 (기원전 6세기)

2008년 8월 25일 쌀쌀한 아침, 젊은 프랑스 생물학자 세드릭 주이에는 퀘벡 동부 밍간 군도의 니아피스카우 섬 주변 갯벌에 붉은가슴도요 수십 마리가 내려앉은 것을 보았다. 새들은 곧장 먹이를 먹기 시작했다. 주이에는 효과가 입증된 전통의 방법으로 새에게 접근하기 시작했다. 살며시 다섯 걸음 걸어가서 멈추고, 스코프로 살펴본 뒤, 보이는 것을 얼른 기록하고, 다시 다섯 걸음 더 가는 것이다. 주이에는 이 방법으로 새들에게 제법 가까이 다가갔다. 마지막으로 망원경 렌즈를 조였을 때는 밴드를 찬 붉은가슴도요들의 다리에 적힌 알파벳과 숫자 조합을 읽을 수 있을 정도였다.

작은 새 떼는 유엔의 축소판이었다. 서반구 전역에서 모여든 새들이었던 것이다. 라임색 플랙을 찬 새는 미국에서 포획된 적이 있다는 뜻이었고, 푸른 브라질 플랙을 찬 새도 있었다. 주이에는 왼쪽에서 오른쪽으로 천천히 망원경을 돌리면서 칠레의 빨간 플랙, 캐나다의 친숙한 노란 플랙도 확인했다. 그러다가 왼쪽 다리 위에 아르헨티나의 오렌지색 플랙을 차고 오른쪽 다리 아래에 **검은 밴드**를 찬 새를 목격했다. **검은색?** 그게 어느 나라지?

몇 시간 뒤 주이에는 다른 연구자들과 모여 그날의 데이터를 취합했다.

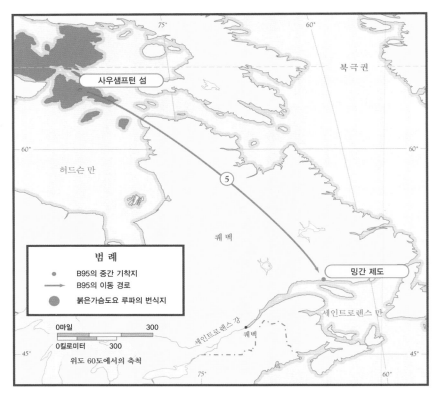

범 례
- B95의 중간 기착지
- B95의 이동 경로
- 붉은가슴도요 루파의 번식지

0마일   300
0킬로미터   300
위도 60도에서의 축척

사우샘프턴 섬

허드슨 만

퀘 벡

밍간 제도

세인트로렌스 만

세인트로렌스 강

퀘벡

북극권

B95를 비롯하여 많은 붉은가슴도요 루파 새끼의 첫 비행은 캐나다 북극권 번식지에서
퀘벡 북부 세인트로렌스 강 어귀의 밍간 군도로 가는 여정이다.

주이에는 딱히 누구에게랄 것도 없이 말했다. "오늘 검은 밴드를 찬 새를 봤어요. 그게 뭐죠?" 캐나다 야생동물관리국 소속 조류학자로서 프로젝트를 지휘하는 이브 오브리가 의자를 밀고 일어나며 주이에에게 물었다. "플랙에 B95라고 적혔던가요?" 주이에는 손가락으로 수첩을 넘겨서 찾았다. 거기 적혀 있었다. 검은 밴드, 오렌지색 플랙, B95. "어떻게 아셨어요?"

오브리는 지구 반 바퀴 아래 티에라델푸에고에서 생물학자 파트리시아 곤살레스가 그 새를 찍은 사진을 꺼내 보여 주었다. 곤살레스는 오브리에게 믿기지 않을 만큼 나이 들었고 놀랍도록 성공적으로 살아가고 있는 붉은가슴도요를 유심히 찾아봐 달라고 부탁해 두었던 것이다. 그 새는 아르헨티나에서 영웅으로 떠오르고 있다고 했다. 별명도 있었다. '문버드.'

B95가 밍간에서 모습을 드러내어 연구자들을 흥분시킨 것이 그때가 처음은 아니었다. 사실 이브 오브리가 늦여름에 연구팀을 소집하여 그곳에 도착하는 섭금류를 연구하기 시작한 2006년 이래 B95는 매년 그곳에 들른 붉은가슴도요 틈에 있었다. 연구진은 밍간 마을에서 밍간 강을 바라보는 창문이 난 흰 이층집을 빌려 본부로 삼는다. 매일 아침 일찍, 졸린 눈의 연구자들은 점심을 싸고, 관측용 스코프와 수첩을 챙기고, 진흙투성이 부츠를 꿰고, 노란 비옷과 구명조끼와 젖은 울 재킷이 널려 축 늘어진 빨랫줄 밑을 고개를 수그려 통과하여 집을 나선다. 청량하고 소금기 머금은 공기로 나간다.

동네 어부들은 벌써 게, 가리비, 총알고둥, 가재를 잡느라 바쁘다. 생물학자들은 차를 몰아 밍간 항 선창으로 간다. 그곳에서 잠시 멈추어 수로

밍간 군도

캐나다 퀘벡 주 세인트로렌스 만 북해안을 따라 약 40개의 큰 섬과 천여 개의 작은 섬 혹은 암초가 모여 있다. 그곳이 밍간 군도다. 그 멋진 장소는 1984년에 캐나다 국립공원으로 지정되었다.

섬들은 대부분 석회암이라는 부드러운 기반 암으로 만들어졌다. 강력한 조수가 수천 년 동안 석회암을 깎아 물길을 팜으로써 한 덩어리였던 암반을 낱낱의 섬으로 조각한 것이다. 바닷물은 거기에서 그치지 않고 계속 돌을 조각했다. 오늘날 밍간 군도 해안선에는 기묘하고 아름다운 물체 2,000개가량이 제각각 외따로 서 있다. '단일암체'monoliths라고 불리는 그것은 꼭 토기를 빚어 놓은 것 같다. 아니면 하늘에서 해변으로 뚝 떨어진 거대한 체스 말처럼 보인다. 어떤 것은 식물로 덮였고, 어떤 것은 헐벗었다.

밍간에는 야생 동물이 많다. 바다표범과 돌고래를 찾아보기에 적당한 장소이다. 세인트 로렌스 만의 찬물에 서식하는 플랑크톤 떼에 이끌려 고래도 찾아든다. 퍼핀 같은 바닷새도 떼로 모여든다. 그리고 물론 붉은가슴도요 무리도 여름과 초가을에 매년 날아든다.

에서 까불고 노는 밍크고래를 구경할 때도 있다. 생물학자들이 작은 보트에 몸을 실으면, 그날 새를 조사할 군도로 보트 조종사가 데려다 준다. 그

사라진 붉은가슴도요 수수께끼

1996년에 봄의 북극권에서 번식하고자 델라웨어 만에서 북쪽으로 날아간 붉은가슴도요는 약 15만 마리로 추정되었다(지금은 훨씬 적다). 그런데 그해 가을 북극에서 돌아온 붉은가슴도요는 섭금류 연구자들이 헤아린 바에 따르면 겨우 5만 마리였다. 사라진 10만 마리는 어디로 갔을까? 전문가들은 번식을 마친 붉은가슴도요 루파가 거의 모두 캐나다 중부를 거쳐 남쪽으로 내려온다고 오랫동안 믿었다. 새들이 미국 동해안 해변이나 늪지에 들렀다가 남아메리카로 마저 날아온다고 보았다.

그러나 숫자가 맞지 않았다. 마노멧 보존 과학 센터의 브라이언 해링턴은 '미국 북부 어딘가 남아메리카로 날아오기 전에 들르는' 미발견 징검돌 장소가 있는 게 아닐까 하고 고민했다.

과학자들은 2006년부터 밍간 군도가 최소한 한 해답일지 모른다고 생각하게 되었다. 캐나다 야생동물관리국의 이브 오브리가 밍간 군도 서쪽 끝 섬들의 갯벌에서 붉은가슴도요 수백 마리가 먹이를 먹고 있더라는 목격담을 보고했기 때문이다. 그해 7월 19일 오브리와 동료 세바스티앙 파라디, 얀 트루테는 니아피스카우 섬에서만 붉은가슴도요를 천 마리 가까이 셌다. 게다가 한 주 한 주 흐를수록 이 섬 저 섬으로 붉은가슴도요가 더 많이 쏟아져 들어왔다.

오브리는 캐나다와 미국의 섭금류 생물학자들에게 발견을 알렸다. "처음에는 사람들이 우리를 믿지 않았지요. 하지만 여러 사람들이 직접 와 보고는 믿게 되었습니다. 백문이 불여일견이죠." 오브리의 회상이다.

랬다가 오후가 되면 조종사가 다시 데리러 오고, 오후에 생물학자들은 집에서 데이터를 입력한다.

밍간 군도는 루파의 징검돌 중에서도 특히 중요하다. 전조를 엿볼 수 있는 장소, 즉 경향성이 처음 드러나는 장소이기 때문이다. 밍간으로 날아든 붉은가슴도요를 보면 그해 루파의 번식기가 성공이었는지 대실패였는지 그 중간인지에 관해 첫 단서를 얻을 수 있다. 북극에서 일이 심상치 않았다는 것을 알리는 초기 징후는 일착으로 날아든 무리에 수컷과 암컷이

비슷하게 섞여 있는 상황이다. "그것은 좋은 신호가 아닙니다. 첫 무리는 암컷이어야 해요. 암컷들이 수컷들보다 한참 앞서 도착해야 합니다." 토론토 대학 앨런 베이커 박사의 설명이다.

과학자들은 새끼들에게 특별한 관심을 쏟는다. 세 집단으로 나누어 밍간으로 날아드는 새들을 다 합했을 때 적어도 20퍼센트는 어린 새이기를 바란다. 조사가 본격적으로 시작된 첫 두 해인 2006년과 2007년에는 어린 새가 적었지만, 2008년에는 먼저 어미들이 도착하고 다음으로 아비들이 도착한 뒤 몇 주 후에 어린 새들이 대규모로 도착하여 군도를 뒤덮었다. 고무적인 신호였다.

새끼의 첫 여행

B95는 연구자들에게 목격되기 전에도 여러 차례 밍간 군도를 찾았던 것이 분명하다. B95의 첫 비행, 즉 태어난 지 한 달 된 다른 새끼들과 함께 북극을 떠났던 첫 여행도 거의 틀림없이 중앙 북극권에서 밍간 군도까지 2,400킬로미터를 쉬지 않고 날아온 경로였을 것이다.

그 비행에서 B95가 택했던 정확한 경로를 알 수는 없지만, 만일 어린 새 떼가 가장 곧바른 길을 택했다면 캐나다 허드슨 만 북부를 가로질러 남동쪽으로 내려왔을 것이다. 상상해 보자. 붉은가슴도요들은 몇 시간 동안 탁 트인 물 위를 날다가 이윽고 파도가 해변을 때리는 소리를 들었을 것이다. 처음 나타난 지형에서 솟아오르는 온난한 상승 기류 때문에 공기가 흔들리는 것을 느꼈을 것이다. 울퉁불퉁한 퀘벡 해안이다. 새들은 또 한참 동

빨리빨리 배우는 새

여러분은 살면서 배울 것이 너무 많다고 생각하는가? 그렇다면 B95는 어떤지 상상해 보자. 브라이언 해링턴은 이 경이로운 새가 어떻게 이토록 길고 성공적인 삶을 살았는가 하는 의문에 대해 나름의 대답을 갖고 있다. 해링턴이 보기에 그것은 학습의 문제이다.

"생각해 보십시오. B95가 처음 남쪽으로 이동해서 밍간에 들렀다고 합시다. 그곳에서 그는 중간에 쉬지 않고 바다를 건너 남아메리카까지 내려올 수 있을 만큼 충분한 먹이를 찾아야 합니다. 그래야만 제때 남아메리카에 와서 월동지에서 털갈이를 할 수 있지요."

"자, B95는 밍간에 도착했습니다. 그는 생후 3개월이고, 북극에서 왔으며, 하루에 두 번 바닷물이 들어와서 주변을 뒤덮는 장소는 한 번도 본 적이 없습니다. 해양 무척추동물을 먹어 본 적도 없습니다. B95는 조석 체계를 이용하는 방법을 알아내야 합니다. 밀물이 든 지 두 시간 뒤에는 어떤 개펄에 갈 수 있다, 왜냐하면 그곳이 제일 먼저 노출되어 조개가 풍부하니까, 하는 사실을 익혀야 합니다."

"그로부터 또 한 시간 반이 지나면 만에서 350미터 떨어진 다른 개펄로 날아가야만 좋은 치패를 먹을 수 있다는 것, 그로부터 또 두 시간 뒤에는 다음 개펄로 옮겨야 한다는 것도 배워야 합니다. 어떤 새는 그런 사실을 잘 파악하기 때문에 적당한 때와 날씨가 되었을 때 이미 준비가 되어 있습니다. 반면에 어떤 새는 그렇지 못합니다. 그래도 어쨌든 시도해서 결국 실패합니다. B95는 그런 체계를 속속들이 익혔고 처음 보는 갖가지 포식자들을 대면합니다. 그러고도 브라질 남부로 가서는 처음부터 다 다시 배워야 합니다. 월동지에서도 죄다 다시 배워야 합니다. 이것은 생존에 **어마어마한** 위협이 됩니다. 여러 장소 중 한 군데에서라도 망칠 가능성이 있으니까요. 그렇기 때문에 B95와 북극에서 함께 태어났던 친구들이 해가 갈수록 하나둘 사라지는 것입니다. 그러나 B95는 모든 것을 제대로 해 왔습니다. B95는 비범한 새입니다."

안 땅 위를 날며, 헐벗은 바위 구릉과 초록 관목이 선을 그린 듯한 계곡으로 자신들의 그림자를 드리웠다. 맑은 날에는 저 밑에서 카리부 떼가 긴 행렬을 지어 이동하는 것이 보였으리라. 그보다 더 짙고 작은 윤곽으로 보이는 늑대들이 바싹 뭉쳐 카리부를 뒤쫓는 것도 보였을지 모른다.

새들은 북극에서 모기 단백질로 채운 연료로 아직 통통하기 때문에 여행의 첫 몇 시간은 피로를 전혀 느끼지 않고 공기를 가른다. B95는 함께 나는 동료들을 소리 내어 불렀을 것이고, 동료들도 소리 내어 답했을 것이다. 그리하여 새들은 쉼 없이 움직이면서 의견을 주고받는 연락망을 구축했을 것이다. 새끼들은 이 공기나 이 땅 위를 한 번도 날아 본 적 없지만, 한 마리 한 마리가 자기 내부의 안내 체계가 제공하는 충동과 방향 신호에 의존하는 동시에 무리로부터 정보를 얻으면서 한 덩어리로 뭉쳐 날아간다.

아침 햇살이 비치면 지금까지와는 다른 퀘벡 남부 풍경이 눈에 들어올 것이다. 뾰족뾰족한 침엽수 카펫, 군데군데 파인 호수와 늪. 머리 위에서 재잘거리는 새소리에 무스들이 수염과 가지뿔에서 물을 흘리며 고개를 쳐들었을 것이다. 그리고 아마도 또 다른 변화가 있었을 것이다. 이틀 가까이 아무것도 먹지 않고 줄기차게 날았으니, 이제 B95에게 비행은 손쉬운 반사 반응으로 느껴지지 않을 것이다. 비행은 온 집중력과 힘을 동원해야 하는 고투일 것이다. B95는 벌어진 부리로 가쁘게 숨 쉬면서 공기에서 최대한 산소를 빨아들였을 것이다. 타는 듯한 폐를 만족시키기 위해서, 계속 날갯짓을 하기 위해서. 동료 중 몇몇은 속도가 느려지고 비틀거리다가 앞으로 죽죽 나아가는 무리에 뒤처졌을 것이다.

이윽고 드넓은 세인트로렌스 강이 저 멀리 나타나고 그 왼쪽으로 대서양이 반짝거리면, 굶주리고 지친 B95는 길고 뾰족한 쐐기 모양을 그리며 하강하기 시작한다. 그러다가 맨 마지막에 날개를 활짝 치들어 섬 해변에 몸을 세운다.

밍간에서의 첫 나날

B95가 태어난 해가 전형적이었다면, 그의 부모는 벌써 몇 주 전에 밍간에 들렀을 것이다. 어미는 다른 암컷들과 함께 초여름에 맨 먼저 도착했다. 암컷들은 모두 B95의 어미처럼 놀라운 운동선수로, 몸무게의 **절반** 이상을 네 알로 내놓은 지 한 달도 지나지 않아 이동에 나설 힘이 있었다. 암컷들은 밍간에 맨 먼저 도착함으로써 수컷과 새끼와 경쟁할 필요 없이 자유롭게 먹이를 먹는다. 그다음으로 수컷들이 온다. 대부분 뒤에 남아서 새끼를 키웠던 아비들이다. B95는 다른 새끼들과 함께 맨 나중에 도착했다. 붉은가슴도요에게 밍간은 중요한 국제공항이나 마찬가지다. 루파 무리가 도착하고 떠나는 타이밍은 대단히 정확하기 때문에, B95가 밍간에 발을 디뎠을 때 어미는 이미 남쪽으로 날아갔을 것이다.

언제나 그렇듯이 B95와 친구들이 밍간에 끌린 이유는 주로 먹이 때문이다. 밍간의 명물은 미틸루스 에둘리스*Mytilus edulis*라는 학명의 진주담치다. 강한 실 같은 것으로 해안 바위에 들러붙어 살아가는 진주담치의 푸른 껍데기는 낮에 바닷물이 빠지면 눈에 쉽게 들어온다. 밍간의 다른 메뉴로는 갖가지 새우, 달팽이, 조개가 있다.

B95는 모래주머니를 발달시킨 뒤에는 해초에 붙은 총알고둥 같은 먹이를 소화할 수 있었다.

태어난 지 몇 주밖에 안 된 어린 붉은가슴도요가 밍간에 도착했다. 어린 새의 특징인 노란 다리를 눈여겨보라.

B95는 밍간에서 첫 며칠 동안 껍데기가 있는 동물은 너무 단단해서 소화할 수 없다는 것을 깨닫는다. B95는 북극에서 부드러운 먹이만 먹었다. 주로 곤충이었다. 사실 진흙 속 먹이를 쪼아 낼 만큼 부리가 길어진 것도 얼마 되지 않은 일이다. 여름에는 주로 표면에 있는 먹이를 떠먹어야만 했다.

그러나 붉은가슴도요는 변신의 귀재다. 녀석들은 필요하다면 어떤 식으로든 몸을 바꿀 수 있는 것 같다. 밍간에서 첫 며칠 동안 B95는 부드러운 곤충으로 허기를 채우면서 한편으로는 너무나 먹고 싶은 껍데기 있는 먹이를 소화할 수 있는 기관을 **발달시킨다**. 새는 모래주머니라는 기관을 써서 단단한 먹이를 빻는데, 밍간으로 날아오는 동안에는 몸무게를 줄이기 위해서 모래주머니가 작고 가벼운 상태였다. 그러나 이제 B95는 모래주머

125

헵스트 소체와 붉은가슴도요의 경이로운 부리

B95는 먹이를 찾을 때 모래나 진흙을 마구잡이로 쑤시지 않는다. 그보다는 훨씬 더 정확하게 먹이를 수색하는데, 부리에 한 가지 경이로운 특징이 있기 때문이다. 붉은가슴도요의 부리 끄트머리에는 헵스트 소체라는 신경 수용체가 몰려 있다. 이 소체는 압력 변화를 감지한다. 새가 축축한 모래의 한 지점에 부리를 잽싸게 박았다가 뺐다가 하면 그 움직임 때문에 모래 입자를 둘러싼 바닷물에 압력이 가해진다. 이때 조개 같은 단단한 물체가 근처에 있으면, 헵스트 소체는 그 물체로 인한 압력의 교란을 감지하여 물체의 존재를 알려 준다. 이런 감각 능력 때문에 먹이는 숨을 곳이 없다. 어떻게 보면 B95는 감촉으로 먹이를 찾는 셈이다.

감촉으로 먹이를 찾는 붉은가슴도요의 부리.

니가 필요하다. 나흘째에 B95의 모래주머니는 완전히 다시 자란다. 그때부터 껍데기에 싸인 밍간의 모든 생물체는 자신만만한 어린 포식자의 공격으로부터 결코 안전할 수 없다.

사라진 새

2006년 연구 프로그램이 시작된 이래 매년 B95가 밍간에서 목격되었기 때문에, B95의 전설적인 명성은 프랑스어권 캐나다에도 퍼졌다. 2009년에도 B95가 나타나자 몬트리올의 한 신문사는 기자를 파견하여 기사를 쓰게 했다. 기자는 B95의 플래그에 달린 알파벳 'B'를 따서 밥이라는 이름을 지어 주었다. 심지어 보베트라는 짝을 선사하여 기사를 사랑 이야기로 구성했다. 퀘벡의 교사들은 매년 여름 몇 주를 퀘벡에서 머무는 놀라운 새에 대한 수업을 마련하여, 학생들에게 문버드가 나는 경로를 지도에서 그려 보고 새가 난 거리를 계산해 보도록 시켰다. B95를 주인공으로 한 만화영화도 제작에 들어갔다.

그러나 2010년 여름에는 시간이 꽤 지났는데도 B95가 밍간에 나타나지 않자 연구자들과 자원봉사자들이 걱정하기 시작했다. 대규모 암컷 무리는 7월 중순 밍간에 도착했고, 한 달 뒤 적잖은 수컷들이 나타났다. 8월 말에는 새끼들이 처음 나타났다. 새끼들은 날이 갈수록 더 많이 쏟아져서 9월 말에는 수가 300마리에 이르렀다. 사기가 높았다. 생산적인 번식기였음을 알리는 고무적인 신호였다. 그러나 B95는 어디 있을까?

8월 13일 과학자들은 사출 포획으로 수컷 112마리를 잡았다. 그물에 걸린 새들 중 두 마리를 제외하고는 모두 수컷이었는데, 이것은 성공적인 번식을 뜻했다. 다들 새끼를 키우기 위해서 뒤에 남은 아빠들이었던 것이다. 그러나 위대한 늙은 붉은가슴도요 B95가 포획되지 않은 데 대한 걱정이 퍼졌다. 대규모 수컷 무리 속에서 B95를 잡는 것이야말로 녀석을 포획할 최고의 기회였을 것이다. 사람들은 B95가 2009년 12월 티에라델푸에고에서 목격된 이래 세계 어디에서도 목격되지 않았다는 사실을 알고 있었다. 누구도 차마 입 밖에 내지는 않았지만 맘속으로 이렇게 묻고 있었다. B95가 끝내 최후를 맞았을까?

엿새 뒤 바람 없는 날, 이른 오후에 혼자 작업하던 이브 오브리는 쿼리 섬 개펄에서 붉은가슴도요 여덟 마리가 먹이를 먹는 것을 보았다. 오브리는 살금살금 다가가서 대부분 어른 새라는 것을 깃털로 확인했지만, 밴드

밍간에서, 이브 오브리.

를 찾는지 안 찾는지까지는 보이지 않았다. 새들은 줄기차게 움직였다. 오브리도 줄기차게 움직였다. 그러다가 꽤 오랫동안 새들이 한자리에 머물렀다. 오브리는 접안렌즈의 초점을 맞췄다.

오후 3시 23분. 캐나다 국립공원관리청에서 일하는 환경보호 운동가 쥘리 발쿠르는 멀리 퀴리 섬 어딘가에서 발신된 지직거리는 무전 메시지를 받았다. 소리가 끊어지고 갈라지는 와중에도 발쿠르는 용케 오브리의 흥분한 말을 받아 적었고, 지시대로 그것을 토론토의 앨런 베이커 박사에게 프랑스어로 중계했다. 베이커 박사는 4시 51분에 그 메시지를 마노멧 보존 과학 센터의 찰스 덩컨 박사에게 영어로 전달했고, 덩컨 박사는 당장 이메일을 쏘아 보냈다. 이메일은 위성통신을 거쳐 전 세계 노트북컴퓨터, 데스크톱 컴퓨터, 스마트폰으로 전송되었다. 덩컨 박사의 메시지는 짧지만 의기

양양했다. "B95가 살아 있답니다!"

　　이브 오브리는 나중에 퀘벡의 연구실에서 이렇게 말했다. "무엇보다 멋진 점은 B95가 늦여름에 나타났다는 것입니다. 암컷들이 지나간 뒤에 나타났다는 것은 B95가 또 한 번 새끼를 낳았다는 뜻이지요. 녀석은 상태가 훌륭해 보였습니다. 생각해 보세요…… 번식지에서 월동지까지 14,000킬로미터를 1년에 두 번씩 날다니요. 이해를 뛰어넘는 일이지요. 연속 18년 아니면 20년? 그런 일을 어떻게 설명하겠습니까? 아마 불가능할 겁니다. 설명은 없을지도 모릅니다. 우리는 지구의 동물 중에서 그토록 강인한 존재가 있다는 사실을 아는 것만으로 충분할지 모릅니다. 무슨 말을 덧붙이겠습니까? ……B95는 엄청납니다!"

민간에서 B95가 목격된 사례

2006년 7월 29일. 니아피스카우 섬에서.
일찍 도착한 것으로 보아 아마도 번식에 실패했을 것이다. 번식에 성공한 수컷은 보통 8월 5일에서 10일 사이에 나타난다.

2007년 8월 25~26일. 쿼리 섬에서.
아마도 번식했을 것이다.

2008년 8월 25일. 니아피스카우 섬에서.
아마도 번식했을 것이다.

2009년 8월 14일. 니아피스카우 섬에서.
아마도 번식했을 것이다.

2010년 8월 19일. 쿼리 섬에서.
아마도 번식했을 것이다.

인물 소개

가이 모리슨과 켄 로스

캐나다 야생동물관리국에서 일하는 생물학자 R. I. 가이 모리슨과 켄 로스 박사는 6월마다 캐나다 북극권을 찾아와서 번식하는 섭금류에게 깊은 애착을 느꼈다. 미국의 동료 브라이언 해링턴처럼 두 사람도 많은 섭금류가 아직 사람들에게 알려지지 않은 미지의 장소로 매년 날아갈 것이라고 짐작했다. 그들은 그 장소를 찾아내기로 결심했다. 1982년에서 1986년까지 두 과학자는 경비행기로 남아메리카 해안을 모조리 훑으면서 섭금류가 보이면 낮은 고도로 내려가 수를 헤아렸다. 그러고는 자신들이 찾은 최고의 장소를 지도에 표시하고 사진으로 찍었다.

그것은 위험한 작업이었다. 둘 다 항공기 운전면허가 없었기 때문에 처음 만난 그 지역 조종사에게 아주 낮게 날아 달라고 부탁하고 전적으로 의지해야 했다. 상태를 장담할 수 없는 비행기를 빌려야 했다. 어떤 비행기는 무전기조차 없었다. 조종사가 가설 활주로를 놓치거나 작은 비행기를 격렬한 폭풍 속으로 몰고 들어가는 바람에 머리를 천장에 부딪히고 카메라가 선실에 나동그라지는 경우도 있었다. "좋은 착륙은 걸어서 내리는 겁니다." 경험에서 우러난 켄 로스의 말이다.

그러나 두 사람의 대단한 순회 여행은 놀라운 소득을 낳았다. 1985년 1월 29일 오후, 칠레 쪽 티에라델푸에고를 날던 모리슨과 로스는 지도에 바이아로마스라고만 표시된 넓은 만으로 다가갔다. 비행기로 만 끄트머리를 돌아 들어갔더니 해변이 넓어지면서 폭이 수 킬로미터에 달하는 간석지가 나타났다. 그 순간, 수많은 붉

▲ 켄 로스(왼쪽)와 가이 모리슨(오른쪽)이 지구 밑바닥에서 섭금류 개체수 조사에 나서기 전에 비행기 조종사와 찍은 사진.

은가슴도요가 비행기 소음 때문에 두 사람의 눈앞에서 나선을 그리며 공중으로 날아올랐다. "7,000마리쯤 되는 것 같았습니다." 모리슨의 회상이다. 그들이 해안을 따라 나아가는 동안 눈앞에서는 붉은가슴도요 무리가 연거푸 날아올랐다. "그곳에서 42,000마리까지 헤아렸습니다. 붉은가슴도요 루파가 남아메리카에서 머무르는 주요 월동지를 발견한 겁니다."

프로젝트가 끝날 무렵 두 과학자는 섭금류를 300만 마리 가까이 헤아렸다. 그들은 최고의 장소들을 지도로 제작했고 그 결과를 『남아메리카 해안의 신북구 섭금류 지도』라는 두 권짜리 보고서로 발표했다. 강인한 두 캐나다 과학자의 작업 덕분에 과학자들의 꿈이 이루어졌다. 섭금류가 찾는 서반구 전역의 핵심 장소들을 확인하고 보호하기 위한 연락망인 '서반구 섭금류 보존 네트워크'가 1985년 탄생했던 것이다.

▲ 가이 모리슨이 광활한 개펄 상공을 날면서 찍은 사진. 바이아로마스에 들른 붉은가슴도요를 찍은 최초의 사진이다. 모리슨의 추정에 따르면 그날 그들은 붉은가슴도요 루파를 약 42,000마리 보았다. "남아메리카에서 붉은가슴도요 루파가 주로 머무르는 월동지를 발견했던 겁니다."

A Year on the Wind with the Great Survivor B95

MOON BIRD

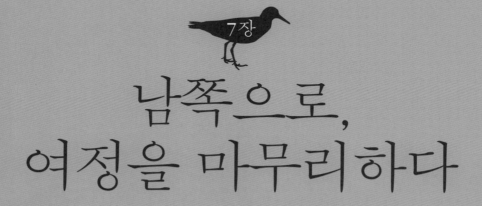

7장

남쪽으로,
여정을 마무리하다

9~10월,

퀘벡 주 밍간 군도에서 브라질 마라냥을 거쳐 아르헨티나 티에라델푸에고로

붉은가슴도요는 어떤 위도에서도 진정한 겨울을 겪지 않는다.

붉은가슴도요는 달력의 후반부보다 늘 한발 앞서 비행을 떠나고,

먹이 창고가 가득한 때와 장소에만 내려앉는다.

그래서 그들은 영원히 봄과 여름만을 산다.

— 브라이언 해링턴

우리는 B95를 기준으로 삼아 달력을 맞춰도 좋을 것이다. 10월에서 이듬해 2월 말까지 B95는 아르헨티나 티에라델푸에고의 리오그란데에 머물면서 새끼 조개가 꽉 찬 레스팅가 해변에서 먹이를 먹는다. 5월 말에는 운 좋은 관찰자가 델라웨어 만에서 녀석을 목격한다. 두 주 뒤, 투구게 알 연료로 통통해진 녀석은 캐나다 북극권으로 전력 질주하여 번식기 새들의 연료인 곤충이 터져 나오는 시기에 딱 맞추어 도착한다. 그리고 적어도 지난 5년 동안 B95는 8월이면 퀘벡 주 밍간 군도에 나타났다. 보통 얼마 전에 새로 아빠가 된 다른 수컷들과 함께.

곧 B95는 남아메리카로 향할 것이다. 우리가 처음 그를 만났던 월동지 리오그란데가 목적지다. B95는 그곳까지 어떻게 갈까? 폭풍우 치는 대서양 위를 며칠 밤낮 논스톱으로 마라톤 비행할까, 아니면 남아메리카와 좀 더 가까운 북대서양 해변에 살짝 내렸다가 다시 길을 떠날까? 후자라면, B95는 어디에 들를까?

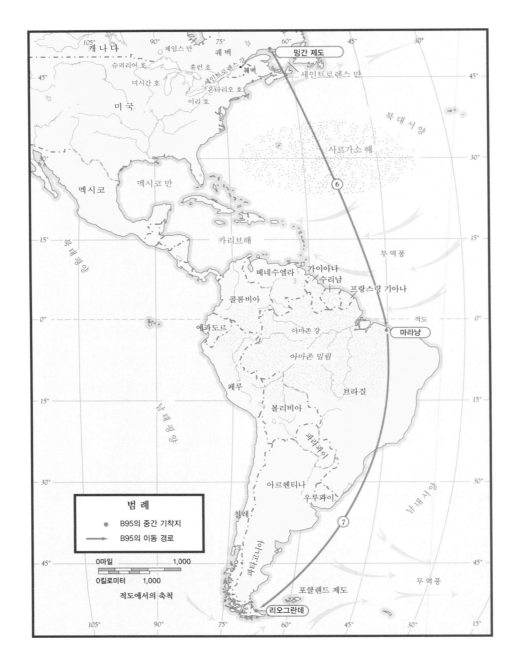

▲ 루파의 비행에서 제일 위험한 단계는 9월에 밍간에서 남아메리카 북해안으로 남하하는 여정일 것이다.
거리가 엄청난 데다가, 바닷물이 따뜻해서 대형 폭풍과 난기류가 곧잘 발생하는 대서양 상공을 날아야 한다.
▶ 지오로케이터를 찬 붉은가슴도요. 연구자들이 이 새를 다시 잡는다면
새가 기기를 찬 이래 들렸던 모든 장소들과 정거장 사이에 택한 모든 경로들을 알 수 있다.

지오로케이터

지금은 우리가 단서에 기반해 추측할 수밖에 없지만, 언젠가 혁명적인 새 도구 덕분에 B95가 1년 내내 돌아다니는 장소를 정확하게 알게 될지도 모른다. 2009년 봄 섭금류 과학자들은 지오로케이터라는 초경량 소형 기록 장치를 (종이 클립 정도의 무게다) 델라웨어 만에서 포획한 붉은가슴도요 48마리의 다리에 매달았다. 지오로케이터는 시계, 마이크로프로세서, 메모리칩, 전지로 구성된다. 처음에는 장치가 너무 무거워서 아주 큰 새가 아니면 달 수 없었지만, 컴퓨터 기술의 혁신으로 꾸준히 소형화되었기 때문에 지금은 붉은가슴도요에게도 달 수 있을 만큼 가볍다. 지오로케이터는 새가 어디에 있든 매일 두 차례 주변 빛의 세기를 읽음으로써 조도 변화를 기록한다. 낮의 길이를 알면 새가 있는 위도를 알 수 있다. 지오로케이터가 기록하는 또 다른 데이터는 태양이 하늘에서 가장 높이 떠올랐을 때의 시각인데, 이것은 새가 있는 경도를 알려 준다. 두 데이터를 결합하면 새가 지구 표면에서 어느 장소에 있는지 짚어 말할 수 있다.

2010년 허리케인 철에 대서양 상공에 형성된 폭풍들. 제일 큰 세 폭풍의 이름은 왼쪽부터 칼, 이고르, 줄리아다.

밴드나 플랙을 찬 새를 한 장소에서 목격했다가 나중에 다른 장소에서 다시 목격하는 방식으로는 새가 여행했다는 것은 알 수 있어도 여행의 세부 사항에 대해서는 알 수 없다. 그와 대조적으로 지오로케이터는 여행 자체를 기록한다. 새가 얼마나 멀리 갔고, 어떤 길을 택했고, 하루 중 어느 때 날았는지를. **여정**이 밝혀지는 것이다. 과학자들이 지오로케이터를 찬 새를 다시 붙잡을 수 있다면—물론 붉은가슴도요는 한 번 붙잡기도 어렵기 때문에 가망이 낮은 희망이기는 하다—데이터를 회수하여 새가 다녔던 장소를 컴퓨터 프로그램으로 정확하게 지도화할 수 있다.

2009년 5월 처음 지오로케이터를 찬 붉은가슴도요 48마리 중 세 마리가 이듬해 5월 델라웨어 만에서 재포획되었다. 과학자들은 그 데이터로 철새 비행의 환상적인 초상을 그려 냈다. 무엇보다 놀라운 사실은 루파가 쉬지 않고 날 수 있는 거리가 어마어마하다는 점이었다. 한 붉은가슴도요는 봄에 우루과이에서 노스캐롤라이나 해변까지 8,000킬로미터를 논스톱

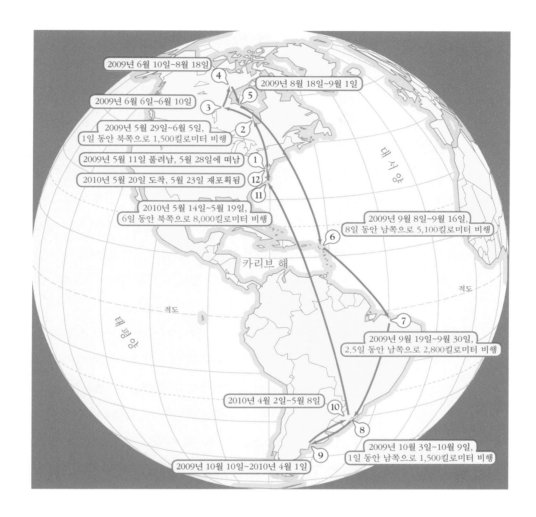

2009년 6월 10일~8월 18일

2009년 8월 18일~9월 1일

2009년 6월 6일~6월 10일

2009년 5월 29일~6월 5일,
1일 동안 북쪽으로 1,500킬로미터 비행

2009년 5월 11일 풀려남, 5월 28일에 떠남

2010년 5월 20일 도착, 5월 23일 재포획됨

2010년 5월 14일~5월 19일,
6일 동안 북쪽으로 8,000킬로미터 비행

2009년 9월 8일~9월 16일,
8일 동안 남쪽으로 5,100킬로미터 비행

대서양

카리브 해

적도

적도

태평양

2009년 9월 19일~9월 30일,
2.5일 동안 남쪽으로 2,800킬로미터 비행

2010년 4월 2일~5월 8일

2009년 10월 3일~10월 9일,
1일 동안 남쪽으로 1,500킬로미터 비행

2009년 10월 10일~2010년 4월 1일

2009년 5월 11일 델라웨어 만에서 붙잡혀 지오로케이터를 찼다가 2010년 5월 23일 델라웨어 만에서 다시 붙잡힌 붉은가슴도요
가 1년 동안 비행한 여정과 들렀던 곳을 표시한 지도. 대단한 순회 여행의 한 단계에서 새는 6일 동안 하늘에 떠 있으면서 8,000
킬로미터 가까이 한달음에 북쪽으로 날아갔다.

으로 날았다. 그리고 북극에서 여름을 난 뒤 5,100킬로미터를 날아 캐나다 허드슨 만에서 카리브 해 섬으로 내려왔다. 새는 차근차근 연료를 소비하면서 하늘에 8일이나 떠 있었다. 그 새는 2009년에서 2010년까지 1년간 총 26,700킬로미터라는, 입이 딱 벌어지는 거리를 여행했다. 지구 적도의 3분의 2에 해당하는 거리이다.

지오로케이터는 붉은가슴도요 루파가 늘 직선으로만 날지는 않는다는 사실도 똑똑히 보여 주었다. 한 새는 열대성 폭풍을 피하기 위해 원래 경로에서 1,000킬로미터나 벗어났다가 위험이 지나가자 상공에서 위치를 재계산하여 원래 길로 돌아왔다. 또 다른 새는 뉴저지에서 출발했는데, 원래 남동쪽으로 대서양을 건너려 했던 모양이지만 열대성 폭풍 대니에 휘말려 더 북쪽 매사추세츠까지 떼밀렸다. 새는 코드 곶에서 마침내 풀려나 도로 대서양으로 향했다. 그러나 또 다른 폭풍을 들이받아 사흘을 고전했고 끝내 소앤틸리스 제도의 섬에 지쳐 떨어졌다. 새는 그곳에 일주일 머물면서 연료와 기력을 채운 뒤 사흘을 날아 브라질 북해안으로 가서 겨울을 났다.

첫 세 마리의 지오로케이터에서 수집한 데이터는 기존의 여러 과학적 가설에 도전장을 내밀었다. 연구자들은 의문에 빠졌다. 우리는 그동안 새가 날 수 있는 거리를 과소평가했을까? 새들은 원래 그렇게 길게 비행할까, 아니면 기후 변화 같은 새로운 환경 조건이 수온을 높여 강한 폭풍을 더 자주 일으키기 때문에 어쩔 수 없이 그러는 것일까? B95로 말하자면, **실제로** 얼마나 날았을까? 과학자들은 B95가 이동한 총 거리를 직선으로 잰 결과를 놓고서 그에게 문버드라는 별명을 붙였다. 그러나 이제 우리는 철새가 직선으로 이동하는 경우는 오히려 드물다는 것을 알게 되었다. 그렇다면 문버드는 정말로 달까지 날아갈 만큼 멀리 날았을까? ……그러고도 지구로 다시 돌아올 만큼?

단거리 혹은 장거리?

B95는 밍간에서 남행할 때 어떤 길을 택할까? 붉은가슴도요 루파는 번식 후 남쪽으로 내려올 때 '단거리'와 '장거리' 팀으로 나뉘는 듯하다. 전체의 약 60퍼센트는 티에라델푸에고까지 완전히 내려와서 겨울을 보낸다. 113 그램짜리 새가 난기류를 뚫고서 그 먼 길을 날려면 엄청난 기력과 항법 기술을 갖춰야 하므로, 생물학자들은 루파의 여행을 동물계의 모든 이주 활동을 통틀어 가장 대단한 기예로 꼽는다.

그보다 규모가 작은 다른 집단은 플로리다나 카리브 해 해변까지만 내려와서 겨울을 난다. 세 번째 집단은 그 중간을 택하려는 듯, 남아메리카 대륙 끝까지 내려오지는 않고 남아메리카 북해안까지만 내려와서 월동한다. 밍간은 장거리를 택하는 붉은가슴도요에게 특히 중요하다. 많은 새가 대서양을 논스톱으로 건너 남아메리카까지 가는 여정을 밍간 군도 해변에서 시작하기 때문이다. 밍간을 건너뛰는 새들은 북극에서 좀 더 정남향으로 내려와 캐나다 제임스 만의 늪지와 개펄에 들러 먹이를 먹은 뒤 미국 대서양 해안의 해변과 갯벌로 마저 날아간다.

어떤 남행길을 택하든 붉은가슴도요가 비행깃을 털갈이하려면 한 장소에서 적어도 60일을 머물러야 한다. 어떤 새는 도중에 들른 장소에서 털갈이를 마친 뒤 남쪽으로 계속 날아간다. 또 어떤 새는 최종 목적지에 도착할 때까지 털갈이를 미룬다. 털갈이는 에너지를 굉장히 많이 소비하는 일

B95, 우리가 아는 최고령의 붉은가슴도요 루파

2010년 8월 19일 이브 오브리가 목격한 순간, B95는 가장 나이 든 붉은가슴도요 루파로 기록되었다. B95는 1995년 처음 포획되었던 당시 이미 생후 3년째에 나타나는 성체의 깃털을 갖고 있었다. 따라서 오브리 박사가 목격했을 때는 최소한 18살이었다. 이전에 붉은가슴도요 루파의 최고령 기록을 보유했던 새는 1987년 아르헨티나에서 새끼였을 때 붙잡혀 밴드를 찼다가 2003년 2월 칠레에서 재포획되어 16살을 기록한 새였다.

붉은가슴도요 중 루파가 아닌 아종이 20살까지 산 예는 적어도 둘 있다. 한 새는 애완동물로 길러졌다. 1980년 2월, 한 네덜란드 커플이 바닷가에서 날개가 부러진 붉은가슴도요를 발견했다. 그들은 새를 해변 마을에 있는 자기 집으로 데려가 2000년 1월에 새가 죽을 때까지 보살폈다. 새의 하루 일과는 늘 같았다. 새는 아침 6시쯤 일어나 민물로 멱을 감고, 잘게 으깬 홍합에 다진 소고기를 약간 곁들여 아침으로 먹었다. 저녁에도 똑같은 식사를 했다. 그러고는 깨끗한 모래가 깔린 열린 상자에서 잤다. 오후에는 갓 구운 빵 조각을 쿡쿡 쑤시면서 한두 시간 놀았는데, 아마도 민감한 부리를 연습하는 게 아니었을까. 새는 집을 떠나지 않는데도 매년 새로 번식 깃털이 돋았다. 맹금이 집 가까이 날아오면 시끄럽게 울어서 주인들에게 경고했다고 한다.

이라서 이주 중에 할 수는 없다. 날갯짓은 한창 자라는 도중에는 부러지기 쉽다. 깃털 하나하나를 둘러싼 깃털집에 피가 채워져 있어서 압력을 받으면 쉽게 부러지기 때문이다. 깃털을 잃어버려 날개에 빈틈이 난 채 기나긴 여정을 감행한다는 것은 곧 죽음이다.

B95는 전형적인 장거리 이주자로, 누구보다도 먼 거리를 날도록 설계되어 있고 프로그래밍되어 있다. B95의 경로는 한결같다. 지난 5년 동안 B95는 북극에서 번식을 마친 뒤 대서양 비행의 주요 정거장인 밍간으로 곧장 날아왔다. 밍간에서 모래주머니를 발달시키고, 홍합과 조개를 게걸스럽게 먹어 연료용 지방을 채운다. B95는 자기 깃털로 파타고니아까지 날아갈 수 있다는 사실을 경험으로 증명했다. 올해도 예년과 다르지 않다면 B95는 먼저 비행을 해치운 뒤 티에라델푸에고에서 느긋하게 털갈이할 것이다.

여름이 끝나 가고 낮이 짧아지면 익숙한 충동이 B95를 휘감는다. B95는 밍간 해변에서 먹고 재잘거리고 왔다 갔다 하는 조바심 난 동료들에게 합류한다. 새들은 한 덩어리가 되어 부메랑처럼 바다로 날아갔다가 해변으로 돌아오는 비행을 반복한다. 그러다가 9월 어느 늦은 오후에는 새 떼의 최전선이 아카디아 반도(현재 노바스코샤라고 불리는 지역—옮긴이)를 넘기도 한다. B95를 비롯한 베테랑 이주자들은 날카롭고 독특한 울음소리를 내며 날개를 들어 바람을 받는다. 때가 되었다는 깨달음이 무리 전체로 번진다. 우리는 곧 떠날 것이라는 깨달음이. 해변은 새들의 날갯짓으로 소란해진다. 어떤 새는 너무 뚱뚱해진 나머지 짐을 잔뜩 실은 비행기가 긴 활주로를 달려야 하듯이 해변을 한참 달리고서야 이륙할 수 있다. B95는 무리 속에 자리 잡는다. 모두가 바싹 달라붙어 원을 그리면서 해변 상공으로 솟구친 뒤, 다 함께 몇 차례 앞뒤로 날면서 방위를 맞추고, 이윽고 몸을 기울여 남동쪽으로 단호하게 나아가기 시작한다.

우리에게는 지오로케이터가 없으니 B95가 정확히 어떤 길로 남쪽으로 날아가는지 알 수 없지만, 밴드를 찬 붉은가슴도요들에게서 얻은 데이터는 많으니 그 정보에 의존하여 추측해 볼 수는 있다. 아마도 여행은 이럴 것이다. V자 대형을 이루어 날아가는 B95와 무리 뒤로 세인트로렌스 강이 희미해진다. 새들은 벌써 흰 눈이 덮인 노바스코샤 벌판을 날아 이윽고 탁 트인 대서양을 만난다. 곧 태양이 수평선 아래로 미끄러지면 물결치는 회색 바다마저 시야에서 사라지고, 새들은 재잘거리면서 어둠 속을 함께 난다.

새들의 목적지는 아마존 강 하구에 가까운 브라질의 해안 맹그로브 생태계이다. 그중에서도 남하하는 붉은가슴도요 루파가 자주 찾는 마라냥은 밍간에서 6,000킬로미터쯤 떨어져 있다. 새로 축적한 지방 60그램을 품고 있는 B95는 100시간 가까이 비행할 연료가 있는 셈이다. 만일 시속 64킬로미터로 난다면, 그리고 허리케인이나 큰 폭풍을 만나지 않는다면—대단히 가능성이 낮은 가정이기는 하다—그 거리를 날 연료는 충분할 것이다.

B95와 동료 붉은가슴도요들은 따뜻한 멕시코 만류를 따라 바다 위를 이동하면서 점차 고도와 속도를 높인다. 1초에 몇 번씩 날개를 퍼덕여서 높고 희박한 공기를 가른다. 날개를 아래로 칠 때는 앞으로 나아가고, 위로 칠 때는 위로 떠오른다. 묵직한 지방이 있기 때문에 힘껏 날개를 치고 빠른 속도로 날아야만 고도를 유지할 수 있다.

이틀째 새들은 멕시코 만류를 벗어나 대서양 한복판으로 진입한다. 이제 새들을 안내하는 지형지물은 아무것도 없다. 수평선 끝에서 끝까지 바다뿐이다. B95와 동료들은 최선을 다해 남쪽으로 길을 잡지만, 서아프리카에서 형성된 폭풍이 여러 날 대서양을 지나며 힘을 얻어 빠르게 다가와 서 새들을 동쪽으로 민다. 따갑게 쏟아지는 빗방울을 뚫고 한참 날다 보면 마침내 공기가 잠잠해진다. 새들은 다시 남서쪽으로 날기 시작하여 사르 가소 해 상공의 무겁고 정체된 공기에서 원래 경로로 복귀한다. 저 아래는 바다에 뜬 갈조의 초원이 망망히 펼쳐져 있다. 새들은 속도를 유지하기 위 해서 맹렬하게 날개를 퍼덕인다.

저물녘에는 북쪽 하늘의 별자리가 새들 뒤로 사라지고 저 앞 남쪽 하 늘에서 새로운 성단이 나타나기 시작한다. 사흘 밤낮을 애쓴 B95의 비행 깃은 닳고 해어졌다. 날개 힘줄은 금방이라도 끊어질 지경이고, B95는 산 소를 마시기 위해 헐떡거린다. 그러나 무리는 계속 전진하여 마침내 열대 위도에 진입한다. 그곳에서는 북동쪽에서 거세게 불어오는 따뜻한 무역풍 이 새들을 반기며 앞으로 밀어 준다. 그리고 드디어 저 멀리 브라질 해안을 따라 흰 구름이 일직선으로 뭉게뭉게 피어오른 모습이 보인다. 뿌연 해안 사이로 갈색으로 느릿느릿 흐르는 위대한 아마존 강의 모습이 나타난다. 목적지를 눈앞에 둔 새들은 헐떡거리면서도 테이프를 끊으려고 전력 질주 하는 주자처럼 속력을 높인다. 해변의 어부가 힐끗 올려다본 새들의 모습 은 불과 나흘 전 캐나다 북부에서 먹이를 먹던 때보다 훨씬 야위었다. B95 는 날개를 접어 착륙을 준비하고, 다시 한 번 남아메리카 꼭대기의 두터운 갈색 진흙으로 활공해 안착한다.

B95와 무리는 며칠 동안 머무르며 연료를 채운 뒤 남쪽으로의 여정을 재개한다. 새들은 짙푸른 아마존 밀림 위를 몇 시간 동안 난다. 수백 킬로 미터를 날면 시야 오른편에 눈 덮인 안데스 산맥 봉우리들이 처음으로 나 타나서 이후 긴 파타고니아 해안을 내려갈 때 줄곧 안내가 되어 준다. 새들

은 뾰족하게 가늘어지는 갈색의 남아메리카 남단에 도달하고, 새파란 마젤란해협을 휙 통과한다. 마침내 티에라델푸에고에 다다른 새들의 시야에 리오그란데 해변의 친숙한 곡선이 보인다. 그곳에, 드디어 그곳에, 붉은 얼룩 같은 레스팅가가 있다. B95와 동료들은 지그재그를 그리며 활강하여 조개가 잔뜩 묻힌 붉은 바닥으로 철썩 내려앉는다. 그리고 그곳에서 몇 달을 보낸 뒤, 다시금 거대한 순환 여행을 시작할 것이다.

2010년 10월, 연구자들은 리오그란데 해변을 순찰하기 시작했다. 망원경과 쌍안경으로 둘러보고, 돌아온 붉은가슴도요의 수를 헤아리고, 문버드를 찾아보았다. 2011년 2월 23일, 숙련되고 집요한 관찰자로서 아마도 B95를 누구보다도 많이 목격했을 루이스 베네가스가 리오그란데 근처 해변에 모인 물새들을 훑어보려고 관측용 스코프를 세웠다. 그는 삼각대에 스코프를 끼우고 렌즈를 들여다보았다. 그런데 그 시야에 바로 B95가 나타난 게 아닌가! 베네가스는 스코프에 카메라를 대고 사진을 찍었고 사진은 금세 전 세계로 퍼졌다.

고무적인 소식이었다. 그러나 우려를 표한 생물학자가 적어도 한 명은 있었다. B95가 2월 23일에도 리오그란데에서 먹이를 먹는 것은 너무 늦다는 지적이었다. B95는 벌써 북쪽으로 갔어야 하지 않나? B95가 그해 '겨울' 리오그란데에서 목격된 것은 그것이 마지막이었다. B95는 이듬해 5월 델라웨어 만에서도 목격되지 않았다. B95가 늦여름에 정기적으로 나타나던 밍간에서도 목격되지 않자 사람들의 걱정이 깊어졌다.

2011년 가을, 붉은가슴도요 루파들은 작은 무리로 드문드문 흩어져 조금씩 리오그란데로 돌아왔다. 10월에도 B95의 흔적은 찾을 수 없었다.

사람들은 세상에 영원히 사는 생명은 없다는 사실을 상기했다. B95가 살아 있다면 스무 살이 다 되었을 것이다. B95는 가혹한 비행을 무수히 견딘 베테랑이지만 해가 갈수록 비행이 점점 더 힘들어졌을 것이다. 얼마나 대단한 인생인지!

11월 9일 오전, 1982년 포클랜드제도 전쟁에서 목숨을 잃은 병사들을 기리는 기념비 앞 간석지에 작은 새 떼가 내려앉았다. 루이스 베네가스는 스코프를 열심히 들여다보다가 B95와 같은 밴드와 플랙 조합을 갖춘 붉은가슴도요를 목격했다. 그러나 새가 너무 멀리 있어서 깨끗한 사진을 찍을 수 없었다. 이후 몇 주 동안 베네가스와 동료 타바레 바레토는 같은 새를 두 번 더 보았지만, 역시 목격을 확인할 사진을 찍을 만큼 가까이 다가가지는 못했다.

11월 25일 정오 직전, 200마리쯤 되는 섭금류—붉은가슴도요, 흑꼬리도요, 물떼새, 깝작도요—가 센 바람을 타고서 불그스레한 리오그란데 간석지에 날아들었다. 하수처리장 근처였다. 루이스 베네가스와 타바레 바레토는 레스팅가를 반들반들 미끄럽게 만들면서 줄창 내리는 비를 막기 위해서 옷깃을 세운 채 서서 기다리고 있었다. 그때 두 사람의 눈에 곧장 B95가 들어왔다. 이번에는 아주 가까운 위치라서 결코 틀릴 리 없었다. 그곳에서 B95는 파도가 밀려들면 민첩하게 날아 자리를 옮기면서 레스팅가의 조개를 맹렬히 뽑아 먹고 있었다. 상태는 좋아 보였다. 베네가스는 B95가 17년의 세월과 수십만 킬로미터의 거리 끝에 1995년 처음 밴드를 달았던 장소로부터 불과 5킬로미터 떨어진 곳에 다시 와 있다는 생각을 떠올렸다. 오후 12시 29분에 베네가스는 B95의 생존을 확인하는 사진을 찍었다. 사진은 곧 세계 곳곳에 있는 사람들의 마음을 덥혔다.

루이스 베네가스가 2011년 11월 25일 리오그란데에서 찍은 이 사진으로 B95가 또 한 번 서반구 일주 여행을 마쳤다는 사실이 확인되었다.

그것은 고무적인 소식이었다. 루파가 매년 번식지와 월동지를 오갈 때 이용하는 신성한 장소들과 오래된 경로들이 놀라운 비행 선수를 한 해 더 뒷받침해 주었다는 뜻이기 때문이다. 어떤 징검돌은 붐볐고 쓰레기가 널렸고 먹이가 부족했지만, 어느 곳이든 B95가 다음 정거장까지 날아가는 데 필요한 단백질쯤은 공급할 수 있었다. 때로 하늘이 거칠었지만, 어떤 질풍이나 폭풍도 살아서 번식하려는 B95의 의지와는 상대가 되지 않았다. B95는 거센 바람과 매서운 비를 뚫고 날았다. 어떤 세균도 바이러스도 적조도 B95를 꺾지 못했다. 어떤 매도 B95를 낚지 못했다.

붉은가슴도요 루파 중에서 가장 나이가 많고 가장 성공적으로 살아온 이 새는 서반구를 순회하는 위대한 여정을 또 한 해 완주했다. 그리고 곧, 조개 연료를 채워 포동포동해진 B95는 다시 한 번 안절부절못하며 레스팅가를 왔다 갔다 할 것이다. 그러다가 바람이 그의 깃털을 부풀리면 그 바람을 타고 날아올라 또 한 번 여행에 나설 것이다. 궁극의 장거리 비행사인 B95는 **정말로** 문버드다. 어쩌면 그 이상이다. B95는 섭금류를 사랑하는 전 세계 사람들의 희망의 상징이다.

우리에게 남은 질문은 이렇다. B95의 자식들도 하늘에서의 놀라운 삶을 이어 갈 기회가 있을까? 그 답은 주로 우리 인간에게 달렸다.

A Year on the Wind with the Great Survivor B95

MOON BIRD

8장

멸종은
돌이킬 수 없다

살아 있던 어떤 종의 마지막 개체가 더 이상 숨 쉬지 않으면,
천지가 개벽할 만큼 시간이 흘러야만 다시 그런 생명이 존재할 수 있을 것이다.

– 윌리엄 비비, 『새의 형태와 기능』 중에서

멸종은 자연에서 가장 큰 비극이다. 멸종이란 어떤 유전적 집단에 속하는 모든 구성원이 다 죽은 것을 뜻한다. 영원히. 누군가는 그것이 뭐 그렇게 비극적이냐고 반론할지도 모른다. 어쨌거나 과학자들의 말에 따르면 그동안 지구에 살았던 모든 종의 99퍼센트는 멸종했다니까 말이다. 게다가 지난 5억 년 동안 지구에서는 대량 멸종이 다섯 차례 벌어져서 당시 살았던 전체 종의 3분의 2 이상이 삽시간에 사라졌다. 그 원인은 화산 분출에서 가뭄까지 가지각색이었다.

다섯 번째이자 가장 최근의 대량 멸종은 지금으로부터 겨우 6,500만 년 전에 벌어졌다. 소행성이 지구와 충돌하여 대기에 뜨거운 먼지가 날렸고 그 때문에 갑자기 지구가 추워져서 당시 살았던 공룡과 다른 많은 동물 종이 죽었다(앞에서 보았듯이 투구게는 살아남았다). 요컨대 대량 멸종은 새로운 사건이 아니다. 우리는 과거에도 대량 멸종을 겪었다.

그러나 현재 진행되는 여섯 번째 물결은 조금 다르다. 역사상 처음으로 한 종이, 즉 호모 사피엔스가, 우리 인간이, 지구의 거의 모든 자원을 소비하고 변형시킴으로써 무수히 많은 생명 형태를 쓸어버리고 있기 때문이

루파의 멸종을 막으려면 어떻게 해야 할까?

다. 인간은 현재 지구 민물의 절반 이상과 땅에서 자라는 산물의 절반 가까이를 소비한다. 인간이 땅을 개간하고 작물을 심은 지는 수천 년밖에 되지 않았지만, 인간이 지구에 가하는 충격은 너무나 크고 그 속도도 너무나 빨라지고 있어서 매년 수천 종의 동식물이 사라진다. 버클리 캘리포니아 대학의 과학자들에 따르면, 현재의 멸종 속도가 이어질 경우 향후 300년 안에 지구 생물종의 **4분의 3**이 사라질지도 모른다. 그중에는 케냐의 사자나 인도의 호랑이처럼 유명하고 사랑받는 종도 있지만 대부분은 더 작고 눈에 띄지 않는 종들이다.

　모든 생물종은 각각의 에너지와 활동이 복잡하게 얽힌 생태계라는 그물망에 소속되어 있다. 그 그물망들은 작은 미생물에서 거대한 나무까지 모든 생명을 잇는다. 우리는 그 체계들이 어떻게 작동하는지, 생태계 내 종들이 서로에게 어떤 의미인지를 이제서야 조금씩 이해하기 시작했다. 한 생태계에서 한 종이 제거되면 어떤 일이 벌어질까? 생태계 전체가 와해될까? 아마도 영영 모르는 편이 나을 것이다. 자연보호 운동가 알도 리오폴드는 "똑똑한 땜장이의 첫 번째 규칙은 부속품을 빠짐없이 챙기는 것"이라고 표현했다.

B95는 여섯 번째 대량 멸종의 시대를 살고 있다. B95에게는 자신의 필요에 맞추어 제 몸을 바꾸는 능력이 있지만, 시시각각 빠르게 변하는 인간들의 활동은 B95의 능력을 시험하는 더 큰 변화를 그의 세계에 일으키고 있다. 우리는 B95의 사연을 계기로 삼아 주변의 토착 동식물에 대해 더 많이 배울 수 있다. 그리고 스스로에게 이렇게 물을 수 있다. "너무 늦기 전에 그들을 보호하려면 어떻게 해야 할까?"

붉은가슴도요 루파 구하기

루파의 멸종을 막으려면 어떻게 해야 할까? 어떻게 하면 B95의 후손이 우리 곁에 남을까? 더 나아가, 앞으로 지구의 모든 해안선에 어떤 종류이든 섭금류가 **한 마리라도** 남을 수 있을까? 이것은 진지한 질문이다. 현재 지구의 섭금류 중 절반 가까운 종들이 개체수가 줄고 있다. 섭금류는 철새 중에서도 가장 심각한 위기에 처한 편이다. 왜냐

WHSRN 장소

루파의 중요한 중간 기착지들은 세계적으로 중요성이 인식되고 있다. 어떤 장소가 '서반구 섭금류 보존 네트워크'WHSRN에 등록되었다는 것은 그 장소가 섭금류에게 중요하다는 사실에 여러 나라 과학자들이 동의했다는 뜻이다. WHSRN의 관심이 법적 보호로 이어진 경우도 있었다. 라고아두페이시가 그렇다. 붉은가슴도요들은 북쪽으로 이주하는 도중에 브라질의 얕은 석호인 라고아두페이시에 들러서 작은 달팽이로 배를 채우는데, 그곳은 먼저 WHSRN 장소로 지정된 다음에 뒤이어 브라질 국립공원으로 지정되었다. 최초의 WHSRN 장소는 1985년에 지정된 델라웨어 만이다.

DEDICACION DE LA RESERVA
COSTA ATLANTICA DE
TIERRA DEL FUEGO

붉은가슴도요를 비롯한 섭금류가 생존하기 위해서는 세계 곳곳에 흩어진 번식지와 중간 기착지가 보존되어야 한다. 이 간판은 이 장소가 티에라델푸에고의 대서양 해안 자연보호 지역임을 알리는 것이다.

고? 섭금류 철새가 애용하는 정거장—새들을 자석처럼 끌어당기는 징검돌—중 많은 곳이 쓰레기로 몸살을 앓고, 새보다 큰 생물이나 기계로 붐비고, 자동차가 달리고, 파헤쳐지고, 더럽혀지고, 독성 물질에 오염되고, 그 밖에도 갖가지 방법으로 훼손되어 새들의 필요를 만족시키지 못하기 때문이다.

B95의 후손을 구하기 위해서는 10여 개 나라의 정부, 기업 지도자, 남녀노소를 불문한 일반 시민이 뭉쳐서 두 대륙에 흩어진 장소들을 보호해야 한다. 순환에서 한 고리만 끊어져도 전체 체계가 무너질 수 있다. 지도자들과 자원봉사자들은 섭금류로부터 국경을 모르는 점을 배워야 한다. 미래의 B95들도 긴 여행 끝에 의지할 풍부한 먹이와 안전한 쉴 곳이 필요하다. 그들에게 딱 적당한 장소에서.

희망을 품을 이유는 있다. 30여 년의 탐사로 루파의 징검돌 장소가 많이 발견되고 지도화되었다. 발견자들—브라이언 해링턴, 래리 나일스, 어맨다 데이, 가이 모리슨, 앨런 베이커, 파트리시아 곤살레스, 이브 오브리 같은 과학자들—은 자원봉사자 네트워크를 구축하여 함께 개체수를 헤아리고 밴드를 묶으면서 새들의 안녕을 추적하고 있다. 그들은 1997년 한 해에만 붉은가슴도요 루파 2만 마리에게 밴드를 맸다(그 이전부터 진행된 밴드 묶기 작업에서 지금까지 살아남은 것으로 알려진 개체는 B95뿐이다). 그중 많은 수가 적어도 한 번 이상 다시 목격되었다. 붉은가슴도요 루파는 섭금류 중에서 가장 많이 연구된 종일지도 모른다.

　루파 보호 작업은 벌써 시작되었다. 이 글을 쓰는 지금 개체수가 위험할 만큼 줄기는 했지만 말이다. 이제 델라웨어 만에서는 투구게를 잡을 때 어획량에 제약이 있다. 암컷 게를 보호하기 위한 특별 조치도 있다. 아르헨티나 파타고니아에서는 산타크루스와 리오네그로 주가 섭금류에게 중요한 습지를 변형시키는 일을 불법으로 규정한 법안을 통과시켰다. 산안토니오 만의 섭금류를 보호하기 위한 추가 계획도 마련되고 있다. 칠레의 국영 석유공사 ENAP는 붉은가슴도요 루파의 주요 월동지인 바이아로마스에서 석유와 가스를 채굴하던 것을 그만두었다. 회사는 또 섭금류를 조사하는 생물학자들을 돕고자 일정 시간 무료로 헬리콥터를 빌려준다. 루파는 아르헨티나에서 멸종위기종으로 지정되었고 캐나다에서도 곧 그럴 예정이며, 비록 지정 과정이 엄청나게 느리기는 하지만 미국에서도 대기 줄에 포함되어 있다.

청소년들의 참여

오늘날 국경을 넘어 생각하는 일에는 청소년이 최고다. 청소년은 휴대전화, 인터넷, 소셜 네트워크 서비스 등을 활용하여 붉은가슴도요를 비롯한 여러 섭금류를 다양한 방법으로 돕고 있다. 세계에서 벌어지고 있는 활동 중 몇 가지를 소개한다.

아르헨티나 라스그루타스. 열두 살 소녀 루시아나 세칵시는 어느 겨울날 부모님이 라스그루타스 해변으로 데려가 붉은가슴도요를 보여 준 순간 사랑에 빠졌다. 루시아나는 이후 섭금류에 밴드를 묶는 작업을 배웠다. 시간이 남으면 라스그루타스의 박물관 겸 교육 센터인 '부엘로 라티투드 40'에서 자원봉사를 했다. '새라고?'라는 제목으로, 주인공 아이가 어느 날 아침 잠에서 깼더니 붉은가슴도요가 되어 있더라는 이야기를 써서 글짓기 상을 받았다. 루시아나는 이야기에서 독자들이 철새의 비행을 함께 경험하게 함으로써 루파를 멸종으로 몰아가는 요인들을 알려 준다. 루시아나의 이야기는 아르헨티나에서 어린이책으로 출간되었고, 연극으로 제작되어 상도 받았다.

미국 델라웨어 만, '붉은가슴도요의 친구들'. 볼티모어 출신의 새 관찰자 마이크 허드슨은 2007년 오듀본협회의 새 관찰 산책에 참가했다가 붉은가슴도요의 고난을 알게 되었다. 마이크와 세 친구는 온라인 조사를 바탕으로 학교에서 붉은가슴도요에 대해 발표했고, 그것을 계기로 친구들의 관심이 모이자 함께 붉은가슴도요를 돕는 모임을 꾸렸다.

『새라고?』를 쓴 아르헨티나 소녀 루시아나 세칵시(왼쪽). '붉은가슴도요의 친구들'을 결성한 마이크 허드슨이 밴드 작업 중에 번식 깃털이 난 붉은가슴도요를 손에 쥐고 있다(오른쪽).

'붉은가슴도요의 친구들'은 미국 어류 및 야생동물 보호국에 편지를 써서 루파를 멸종위기종으로 지정해 달라고 요청하기 시작했다. 인터넷을 잘 활용한 덕분에 그들의 청원은 빠르게 확산되었다. 모임 웹사이트는 페이스북 friendsoftheredknot이다. 현재 모임은 교육 활동으로 초점을 옮겨 아이들이 섭금류를 알아보고 관심을 기울이고 서식지 보호를 돕도록 만드는 데 애쓰고 있다.

아르헨티나 파타고니아, 'RARE 프라이드 운동'. 루파가 들르는 세 정거장에서 'RARE 보존 협회'를 도와 섭금류에 대한 지역사회의 태도를 변화시키려 노력하는 청소년들도 있다. 산안토니오에서의 과제는 붉은가슴도요가 먹이를 먹는 해변에서 사륜구동 자동차가 일으키는 소란을 줄여 간석지 서식지를 보호하는 것이다. 젊은 활동가들은 해변을 찾는 사람들(주민

멸종이라는 새로운 개념

1705년, 무게가 2.3킬로그램이나 나가고 표면에 독특한 요철이 나 있는 거대한 이빨이 뉴욕 허드슨 강가에서 발견되었다. 그것은 수수께끼였다. 살아 있는 동물 중에서 그런 이빨이 난 동물을 아는 사람은 아무도 없었다. 몇 년 뒤 비슷한 이빨이 허드슨 강과 오하이오 강 계곡에서 또 발굴되어 조지 워싱턴, 벤저민 프랭클린, 토머스 제퍼슨 같은 사람들을 당황시켰다. 그 발견은 신이 세상에 존재할 수 있는 모든 생명 형태를 이미 다 창조하여 해파리부터 벌레, 곤충, 인간으로 이어지는 완벽한 순서로—즉, 하등한 것부터 고등한 것까지—배열해 두었다는 기존의 믿음을 뒤흔들었기 때문에 더더욱 심란했다.

1796년 1월 프랑스 해부학자 조르주 퀴비에는 여러 코끼리 종들의 이빨을 비교한 결과를 강연에서 설명하여 과학계를 발칵 뒤집었다. 퀴비에는 그 이빨이 새로운 종에서 나왔다고 선언하고, 마스토돈이라고 이름 붙였다. 나아가 새로 발견된 화석들을 꼼꼼히 분석함으로써 '무수히 많은 생물체가' 영영 사라지는 과정을 가리키는 '대량 멸종' 개념을 도입했다. 어느 과학자가 썼듯이, 퀴비에의 연구 결과는 받아들이기가 썩 내키지 않았지만 결국 그로부터 '근본적으로 새로운 사고방식이 발전했다.'

과 관광객)에게 해변이 새들에게 얼마나 중요한지, 방해 요소가 얼마나 위협이 되는지 알려 준다. 운동의 목표는 일상적인 교란 요소를 60퍼센트 줄임으로써 전체 붉은가슴도요 개체군의 25퍼센트가 그곳 해변을 계속 정거장으로 이용하도록 하는 것이다. 젊은 활동가들은 리오가예고스 하구와 티에라델푸에고 대서양 해안에서 진행되는 운동에도 핵심적으로 참여하고 있다. 그곳에서는 해변에 버려지는 쓰레기나 여타 고형 폐기물을 줄이려고 노력하고 있다. 'RARE 프라이드 운동'에 대해서는 172쪽에 자세히 나와 있다.

캐나다 퀘벡. 캐나다 퀘벡 주의 11학년 학생들은 캐나다 국립공원관리청과 함께 붉은가슴도요의 생태와 비행을 사람들에게 알리는 작업을 하고 있다. 붉은가슴도요의 여행을 추적한 만화영화도 제작되고 있다. 참여하는 학생은 각자 지역 주민들에게 붉은가슴도요에 대해 알려 주는 도구를 제작한다. 포스터일 수도 있고 전단지, 파워포인트 프레젠테이션, 만화, 라디오나 텔레비전 방송일 수도 있다. 무엇이든 효과가 있을 만한 것이라면 다 동원한다.

섭금류에 대해 배우고 새들을 도울 기회는

여러분에게도 열려 있다. 부록에 웹사이트 주소를 비롯한 여러 정보를 소개했으니 참고하라.

우리가 왜 신경 써야 할까?

그런데 대체 물새가 우리에게 무슨 소용일까? 물새는 데리고 산책할 수 없고, 먹이를 줄 수도 없다. B95가 여러분의 무릎에 올라앉는 일은 없을 것이다. 섭금류는 모이통에 찾아오지도 않는다. 그런데 왜 우리가 그들을 보호하는 데 시간과 에너지를 쏟아야 할까? 새를 도우려면 희생, 불편, 심지어 고충마저 감수해야 할지도 모르는데 왜 우리가 그래야 할까? 왜 대부분의 사람들이 인식하지도 못하는 존재를 위해서 우리가 좋아하는 해변을 잠시나마 방문하지 말아야 하고, 정말로 훌륭한 모래사장에서 사륜구동 자동차를 달리는 일을 그만두어야 할까?

여기 몇 가지 답이 있다.

동식물은 인간의 생활을 돕고, 인간의 삶을 더 낫게 만든다. 의약품과 식품은 야생 동식물에서 온 것이 많다. 앞에서 보았듯이 투구게는—그 알 덕분에 루파가 번식 기회를 잡기도 하지만—인간의 시각이 작동하는 방식을 알아내는 데 일조했으며 의약품이 오염되지 않도록 검사하는 일도 돕는다. 인간이 새의 비행을 관찰한 데서 영감을 얻어 비행의 역사를 발전시켰다는 사실도 빼놓을 수 없다.

모든 생물체는 나름대로 환상적이고 신비롭다. 붉은가슴도요는 날 때가 되면 비행 기계로 변신하고, 부드러운 먹이를 먹어야 할 때는 다시 몸을 바꾸

우리와 함께 지구에서 살아가는 모든 종은 놀라운 성공을 거둔 사례들이다.
그 생명들을 이해하고 그들이 사라지지 않도록 하는 것은 우리의 임무이다.

며, 번식철이 되면 또다시 바꾼다. 여러분은 중요한 시험 전에 뇌를 더 키울 수 있는가? 게임이나 시합 전에 다리 근육을 더 강하게 만들 수 있는가? 그뿐 아니라 붉은가슴도요는 1년에 한 번씩 비행깃을 완전히 갈고, 두 번씩 깃털 색깔을 바꾼다. 굉장하다!

우리와 함께 지구에서 살아가는 종들은 모두 나름대로 성공한 존재들이다. 우리의 동료 생명체들은 저마다 기발한 생존 전략을 진화시켰고, 그 전략을 성공적으로 실행했다. 매혹적이고 때로 아름답기까지 한 생명체들이 없는 지구에서 산다는 것은 훨씬 더 초라한 세상에서 사는 것이리라. 따라서 우리는 그들이 사라지도록 내버려 두지 말고 **그들의** 입장에서 그들을 이해하고 도와야 한다. 야생 동식물을 이해하기는 쉽지 않다. 자료를 읽고, 공부하고, 실제로 관찰하고, 상상력을 동원해야 한다. 붉은가슴도요는 왜 14,000킬로미터나 날아가서 번식할까? 한자리에 가만히 있는 편이 더 안전하지 않을까?

동물의 크기, 형태, 팔다리, 색깔, 소리, 냄새, 질감, 활동, 속도는 모두 오랜 세월에 걸쳐 터득한 생존 전략이다. 우리가 깊이 있게 관찰한다면, 살아 있는 동물 하나하나에서 그들을 도울 단서를 읽어 낼 수 있다. 어쩌면 우리 자신을 도울 방법도 알 수 있을지 모른다.

B95에게 세상의 대부분은 쓸모가 없다. B95가 바다에 앉는다면 금세 익사할 것이다. 브라질 밀림은 B95에게 아무것도 주지 못한다. 해변 너머 밭도 아무 의미가 없다. 여기저기 흩어진 소수의 장소들, 자석이 잡아당기듯이 B95를 끌어들이는 그곳들만이 B95의 온 세상이다. 그런 장소들의 공통점은 특정 시기에 먹이가 있다는 점, 그리고 B95가 최대한 오래 먹을 수 있도록 해가 충분히 길다는 점이다. B95는 때에 따라 장소를 바꾸는 먹

멸종은 자연에서 최악의 비극이다. B95의 후손은 지구에 계속 존재할 수 있을까?

이와 햇살을 쫓아 20년 가까이 지구를 돌아다녔다. 오래전에 B95의 선조들이 그랬던 것처럼.

B95는 자신이 태어났던 때처럼 세상에 많은 루파가 살아가는 시기를 다시 겪을 수 있을까? 아마도 그러기는 어려울 것이다. 내가 이 책을 쓰는 현재 B95는 거의 스무 살이 다 되었다. 붉은가슴도요로서는 오래 산 편이다. 그러나 어쩌면 가능할지도 모른다. 붉은가슴도요의 다른 아종이 최소 25년을 살았다는 기록이 있다. 우리가 열심히 노력한다면, 그리고 B95를 살아 있는 섭금류 중 가장 성공적인 개체로 알려지게끔 만든 예의 착실한 습관을 녀석이 잘 유지한다면, 더불어 녀석의 신성한 장소들이 안전하게 지켜지는 한 B95는 우리 곁에 계속 머물며 나름의 방식으로 영감을 줄 것이다. 자기 종족에서 가장 나이 많은 개체이자 하늘의 가장 멋진 거주자로서 B95가 그저 제 생명을 이어 나가기만 해도.

마이크 허드슨
'붉은가슴도요의 친구들'을 만들다

내가 다섯 살인가 여섯 살일 때, 할아버지가 나를 부엌으로 데려가서 창밖을 보라고 하셨다. 뒷마당 모이통에 새가 엄청나게 많이 날아와 있었다. "저 새들을 제대로 본 적 있니, 마이크?" 할아버지가 물었다. 글쎄, 그런 적은 없었다. 할아버지는 새 그리는 방법을 알려 주셨다. 나는 그렇게 해서 새를 사랑하게 되었다.

열 살 때 볼티모어에서 새 관찰 산책 모임에 참가했다. 그때 산책을 이끌었던 분이 붉은가슴도요를 구하기 위한 프로젝트에 참여하고 있다는 이야기를 해 주었다. 그분은 붉은가슴도요가 델라웨어 만을 찾아드는 철새라고 알려 주었다. 다음 주에는 신문에 그 새에 관한 기사가 난 것도 보았다. 나는 친구 셋과 함께 학교에서 그 새를 돕는 활동을 해 보기로 결심했다. 그때가 2007년이었는데, 붉은가슴도요의 수가 크게 줄어서 어떤 사람은 2010년이면 종이 멸종할지도 모른다고 생각하던 중이었다. 나는 그 새를 돕는 것이 당연히 할 일이라고 느꼈다. "우리가 그 일을 막을 수 있다면, 왜 안 하지?" 하고 생각했다.

나는 조류학자를 학교로 초청하여 붉은가슴도요에 대해 이야기해 달라고 했다. 학생들은 대단히 흥미로워했다. 15명에서 20명쯤 되는 아이들이 돕겠다고 나섰는데, 그중에는 1학년도 있었다. 아버지는 내게 편지와 청원서 쓰는 방법, 공무원과 접촉하는 방법에 대해 조언해 주셨다. 우리의 목표는 붉은가슴도요를 멸종위기종 명단에 올

▲ '붉은가슴도요의 친구들'을 결성한 마이크 허드슨이 델라웨어 만에서 물새에게 초점을 맞추고 있다.

165

리는 것이었다. 우리는 법률을 조사했고, 붉은가슴도요가 기준에 맞는다는 것을 확인했다. 우리는 내무장관에게 매일 엽서를 쓰기 시작했다. 그리고 '붉은가슴도요의 친구들'이라는 단체를 결성했다. 델라웨어 만의 듀폰자연보호센터에서 전시회도 열었다. 델라웨어 만 갠디 해변으로 나가 새를 관찰했다. 몇 명은 밴드 작업에 참가하여 실제로 새를 **잡아** 보았다. 그것은 **믿기지 않을 만큼** 멋진 경험이었다!

우리는 델라웨어 만을 둘러싼 여러 주에서 붉은가슴도요를 법으로 보호하는 방안을 논의하는 공청회에 출석하여 미리 준비한 프레젠테이션으로 증언했다. 결과도 얻었다. 우리 모임에서 여섯 명이 델라웨어 주 자연자원부가 주최한 공청회에 나가 한 명씩 증언했다. 우리는 투구게 채취를 금지해야 한다고, 아니면 적어도 규제를 강화해야 한다고 요청했다. 결과적으로 정말로 규제가 강화되었다. 볼티모어 시의회도 '붉은가슴도요의 친구들'의 이야기를 듣고 싶다며 우리를 초청했다. 내가 대표로 갔다. 시의회는 '붉은가슴도요의 친구들'을 칭찬하고, 붉은가슴도요의 멸종위기종 지정을 지지하는 결의안을 통과시켰다.

그 자리에서 어부들도 증언했기 때문에, 나는 그분들의 견해도 들을 수 있었다. 듀폰자연보호센터에서 자원봉사를 할 때는 어부 한 분이 거의 매일같이 오셔서 나와 대화를 나누었다. 그래서 나는 그분의 입장을 이해할 수 있었다. 투구게 잡이가 규제될 경우 그동안 지켜 온 전통과 생계를 잃을지도 모르는 분과 대화하는 것은 때로 아주 힘든 일이었다. 나는 그래도 여전히 조치를 취해야 한다고 믿지만, 우리 목표를 달성하기 위해서는 좀 더 폭넓은 생각이 필요할지도 모른다.

지금 나는 열다섯 살이고 고등학교 1학년이다. 이제 새 관찰 산책 모임에서 따라다니기만 하지 않고 안내자가 되어 이끌기도 한다. '붉은가슴도요의 친구들'은 새로운 단계에 접어들려고 한다. 앞으로는 연결망 형성과 대중 교육에 집중할 계획이다. 나는 이제 어린아이들의 관심을 모으려고 노력한다. 내가 다니는 학교에서 선생님을 모시고 새 관찰 클럽도 결성했다. 우리는 해변으로 새를 보러 나간다. 우리는 어린아이들이 해변에 있는 깃털 달린 작은 생명들을 눈여겨보기를 바란다. 아이들이 새의 존재를 알아차린다면, 아이들이 흥미로워할 만한 이야기를 우리가 좀 더 들려줄 수 있을 것이다. 아이들이 흥미를 느낀다면, 새를 위하게 될 것이다. 새를 위한다면, 새를 대신하여 활동하게 될 것이다. '붉은가슴도요의 친구들'은 그런 모임이다. 나는 이론이나 교과서로 시작하지 않았다. 나는 아이들을 밖으로 데리고 나간다.

167

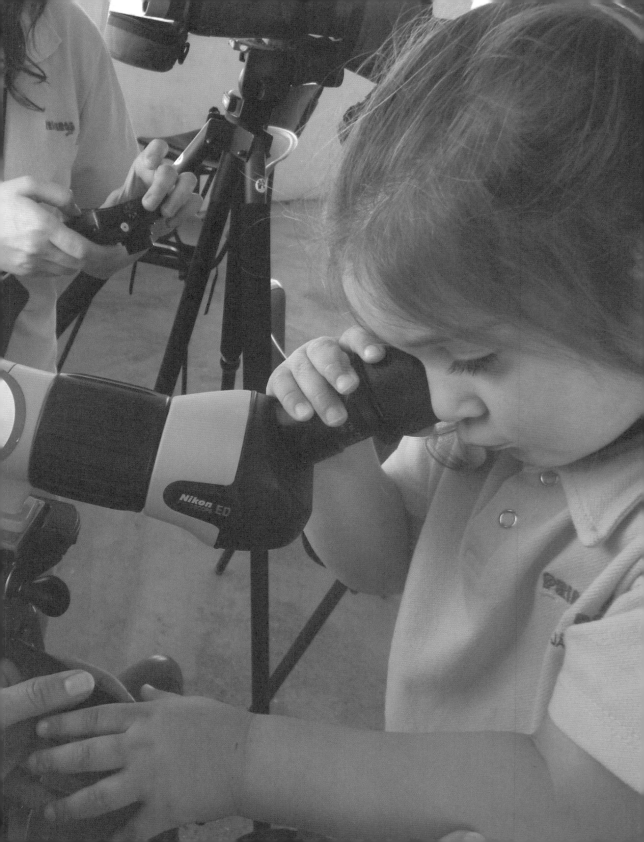

우리가 할 수 있는 일

새를 알자

새를 알아보는 방법을 배우자. 집 주변의 흔한 새부터 시작하자. 개똥지빠귀를 홍관조나 큰어치와 자신 있게 구분할 수 있다면 중요한 첫발을 뗀 셈이다. 알아볼 수 있는 종의 목록을 작성하자. 휴대용 도감을 장만하자. 책도 좋고 앱도 좋다. 새의 사진이나 그림이 있고 알아보는 방법을 설명해 둔 자료라면 뭐든 좋다. 야외로 나가서 시도해 보자. 쌍안경이 있으면 더 좋지만 시력이 좋고 세세한 부분까지 잘 볼 수 있다면 꼭 필요하지는 않다. 심지어 새소리로 종류를 알아맞힐 수도 있다. 새소리를 들려주는 좋은 앱들이 있으니 컴퓨터나 아이팟이나 스마트폰에 다운로드 받으면 된다.

제일 빨리 배우는 방법은 여러분보다 더 많이 아는 사람과 함께 공부하는 것이다. 새 관찰 산책 모임에 참가하라. 미국은 대개의 도시에 오듀본협회가 있다. 새를 이해하고 보존하는 데 헌신하는 단체이다. 나도 목요일 아침마다 오듀본협회 사람들과 함께 관찰을 나가서 실력이 녹슬지 않게 연마한다. 미국오듀본협회의 웹사이트 주소는 www.audubon.org이다. 웹

◀ 새를 배우는 것은 일찍 시작할수록 좋다.

사이트에 들어가 '여러분 곁의 오듀본' 페이지를 열면 여러분이 사는 곳 근처 어디에 오듀본 모임이 있는지 알 수 있다. 조직된 단체가 없더라도 여러분의 주변에는 반드시 여러분보다 새에 대해 잘 아는 사람들이 있을 것이다. 그들을 찾아보라. 스스로 새 관찰 클럽을 창단하는 것도 좋다.

바닷가에 산다면, 해변으로 나가 물새 확인에 도전해 보라. 섭금류는 아주 까다로운 편이다. 크기와 색깔, 발 색깔, 부리의 길이와 형태를 눈여겨보라. 물떼새와 깝작도요를 구별할 수 있는지 알아보라. 숙련된 관찰자는 새의 깃털 상태를 보고 다 큰 새인지 새끼인지 알 수 있다.

어린 새 관찰자들이 참가할 수 있는 몇 가지 프로젝트

물새 자매학교 프로그램. 몇 년 전, 알래스카의 어느 교사가 태평양 인근 철새 비행길에 위치한 모든 학교들을 이어 정보를 교환하는 이메일 연락망을 구축하면 어떨까 하는 발상을 떠올렸다. 연락망은 알래스카에서 라틴아메리카까지 온 지역 학생들을 이을 것이다. 철새가 들르는 장소에 사는 학생들은 관찰 내용을 이메일로 발송함으로써 프로그램에 참가하는 다른 학교들에게 알릴 수 있다. 그 계획은 정말로 가능했다! 1994년부터 알래스카에서 캘리포니아까지 17개 학교가 물새 정보 연락망에 가입했다. 지금은 미국 어류 및 야생동물 보호국이 연락망을 관리하고 있으며, 미국 전역은 물론이고 라틴아메리카 여러 나라, 일본, 러시아의 학교들까지 포함하게 되었다. 어느 학교든 신청만 하면 물새 보존에 관한 커리큘럼 지원을 무료로 받을 수 있다. 영어, 스페인어, 러시아어, 일본어로 가능하다. 철새 이동 연구에 관한 웹사이트도 있다. 특정 물새의 이동 경로에 포함되는 장소에 사는 친구들과 펜팔을 맺을 수도 있고, 여러 물새 축제에서 직접 만날 수도 있을 것이다. 웹사이트 주소는 다음과 같다. www.fws.gov/sssp

방랑하는 야생동물. '방랑하는 야생동물'이라고 불리는 웹사이트도 흥미롭다. 알래스카 과학센터가 추진하는 프로젝트용 웹사이트인데, 위성 기술을 활용하여 이동성 동물들을 추적하는 프로젝트이다. 과학자들은 북극에 사는 브루투스라는 이름의 늑대에게 위성 목걸이를 채워 그 늑대의 무리가 북극의 겨울에 어디를 여행하는지를 살펴보고 있다. 과학자들은 물새들이 바다와 대륙을 건너 이동하는 경로를 추적하는 데도 위성을 활용한다. 웹사이트 alaska.usgs.gov/science/biology/wandering_wildlife/를 방문해 보라. 나열되어 있는 종 중 하나를 클릭하면 그 종의 이동 경로가 뜬다. "이 연구가 왜 중요한가요?"라는 메시지를 읽고 나면 개별 새를 클릭하여 그 새가 매일 어디를 여행하는지 볼 수 있다.

부엘로 라티투드 40

아르헨티나 파타고니아의 해변 마을 라스그루타스에는 섭금류 학습만을 위해 만든 건물이 있다. '부엘로 라티투드 40'은 재미있고 혁신적인 학습 공간이다. 안으로 들어가면 복도에 찍힌 붉은가슴도요의 발자국을 따라가야 한다. 머리 위에서는 종이반죽으로 만든 붉은가슴도요들이 빽빽이 떼 지어 날면서 전시장을 안내한다. 그 밖에도 참신한 발상을 많이 구현했다. 붉은가슴도요가 제 몸무게보다 많이 먹는다는 사실을 알려 주기 위해 산더미처럼 쌓인 햄버거 옆에 어린아이가 서 있는 디오라마를 마련해 놓은 식이다. '붉은가슴도요 클럽'에서는 관람객이 붉은가슴도요처럼 직접 밴드와 플랙을 차 볼 수 있다. 바깥 해변을 관측할 수 있는 스코프도 있다. 새들이 다양한 모양의 부리로 어떻게 먹는지 보여 주는 전시물도 있다. 1년 중 특정한 달에 해당하는 버튼을 누르면 지구본에서 특정 지점에 불이 켜지면서 그때 루파가 있을 가능성이 높은 장소를 알려 주는 전시물도 있다. 운이 좋으면 파비안도 만날 수 있다. 파비안은 앙투안 생텍쥐페리의 『야간 비행』 주인공에서 이름을 딴 붉은가슴도요 마스코트이다.

자원봉사자는 밴드 묶기 작업에서 핵심적인 역할을 한다. 젊은 사람이 많이 참가한다.

RARE 프라이드 운동. 'RARE'는 전 세계에서 자연보호 지도자를 육성하여 지역사회가 자연과 관계 맺는 방식을 바꾸려고 노력하는 조직이다. RARE는 '프라이드 운동'을 통해 활동한다. 사람들에게 자기 지역사회의 독특한 생물종과 서식지에 대한 자긍심을 고취하겠다는 취지로 붙인 이름이다. 또한 환경적으로 해로운 관행에 대해 현실적 대안을 제공하는 일도 한다. 프라이드 운동에는 청소년도 많이 참가한다. 자세히 알고 싶다면 홈페이지를 보라. www.rare.org

캐나다 국립공원관리청. 캐나다 국립공원관리청은 고등학생들이 붉은가슴도요에 대해 배울 때 도움이 되는 멋진 자료를 제작했다. '붉은가슴도요 루파 집단에게 무슨 일이 벌어졌을까?'라는 자료는 영어와 프랑스어로 제공된다. 학생들은 루파의 이동 경로를 따라가 보고, 개체군에게 영향을 미치는 교란 요소를 살펴본다. 붉은가슴도요를 포획하여 표시한 뒤 재포획해서 개체를 식별하는 방법을 배우고, 2008년 개체군 규모를 추정하는 방법도 배운다. 학생들은 섭금류의 어려운 처지에 대한 시민들의 각성을 높이는 데 도움이 될 만한 교육 도구를 각자 하나씩 제작한다. 자료 중 일부는 B95가 등장하는 만화영화로도 제작되었다. 웹사이트는 다음과 같다. www.

델라웨어 만에서 물새에게 밴드를 묶고 데이터를 기록하는 학생들.

pc.gc.ca/apprend-learn/mingan/index_e.asp

붉은가슴도요의 친구들. 공무원들에게 편지 쓰기, 청원, 미디어용 행사 등 조직적으로 활동하는 단체에 참가할 수도 있다. '붉은가슴도요의 친구들'이 좋은 예다. 이 단체의 활동에 대해서는 165쪽에서 단체를 결성한 마이크 허드슨을 소개하면서 자세히 이야기했다. 다음 이메일 주소로 연락할 수 있다. *friendsoftheredknot@verizon.net*

새에 대한 과학적 연구 활동. 야생에서 새에 관련된 활동을 하는 것, 새들의 움직임을 가까이서 목격하는 것, 나아가 새를 직접 만져 보는 것은 삶을 바

리오그란데에서 찍힌 B95.

꿔 놓는 경험일 수 있다. 새에게 밴드 묶는 법을 배우는 것은 새들의 생태에 대해 많은 것을 배우고 과학 지식에도 기여할 수 있는 좋은 방법이다. 미국 북동부에 사는 사람은 '마노멧 보존 과학 센터'의 밴드 묶기 프로그램을 통해 진지한 과학적 흥미를 발달시킬 수 있을 것이다. 마노멧의 프로그램은 40년 이상 진행되어 왔다. 학생, 대학생, 성인 할 것 없이 누구나 밴드 묶는 기법을 배울 수 있고 지역 생태계와 그 보호 방법에 대해서도 배울수 있다. 지금까지 약 2만 5,000명의 젊은이가 봄이나 가을 이동철에 마노멧으로 와서 새들을 가까이에서 관찰하고 새들에게 필요한 조건과 새들의 습성을 배웠다. 마노멧 센터에 대해서는 다음 웹사이트를 참고하라. www.manomet.org

그러나 결국 여러분이 할 수 있는 가장 중요한 일은 섭금류를 존중하는 것이다. 조사할 때는 새들에게 안전한 거리를 지키자. 놀라서 달아나게 하지 말자. 새가 먹이를 먹거나 해변에서 눈을 붙이다 말고 화들짝 놀라 다른 곳으로 날아갈 때마다 귀중한 에너지를 태운다는 사실을 잊지 말자. 새는 그 에너지를 나중에 다시 채워야 한다.

이미 새 관찰 기술을 습득한 사람은 '국제 섭금류 조사'에 기여할 수 있다. 마노멧 센터는 1974년부터 섭금류, 섭금류가 찾는 습지, 이동 경로에 관한 정보 수집에 기여할 자원봉사자를 훈련시키고 있다.

한국 독자들이 둘러볼 만한 사이트

국립공원연구원 철새연구센터
npmbc.knps.or.kr/bird/main.do

한국야생조류보호협회
www.kwildbird.com

동아시아-오스트랄라시아 철새 이동 경로 파트너십
www.eaaflyway.net

순천만 자연생태공원
www.suncheonbay.go.kr

대학연합 야생조류연구회
ubck.org

자료 출처에 관한 설명

B95에 관한 책을 쓰자는 발상은 내 친구 찰스 덩컨이 냈다. '마노멧 보존 과학 센터'에서 일하는 과학자이자 보존 운동가인 찰스는 메인 주 우리 집 근처에 산다. 찰스는 스페인어에도 능통하여, 내가 『흰부리딱따구리를 찾아서』를 쓰면서 자료를 조사할 때 함께 쿠바를 여행해 주었다. 찰스는 내가 글감이 될 또 다른 새를 찾는다는 걸 알았다. 멸종 위기에 처했지만 아직은 희망이 남은 종이나 아종이어야 했다. 찰스가 몇 가지 제안을 했지만 딱히 괜찮아 보이는 것은 없었다.

"붉은가슴도요는 어때?" 2009년 어느 날 찰스가 말했다. "엄청 멋진 새야. 세상 끝에서 끝까지 믿을 수 없을 만큼 멀리 여행하지. 생긴 것도 아름다워. 특히 번식 깃털이 나면. 개체수가 줄고 있는데 아직 정확한 이유는 몰라. 하지만 희망이 없지는 않아. 아직 수천 마리가 살아 있으니까. 책을 쓰면 녀석들을 도울 수 있을 거야."

그래도 확신이 들지 않았다. 이야기에는 등장인물이 필요하다. 다 똑같아 보이는 새 수백 마리로 과연 독자를 하늘에 띄울 수 있을까? 그러던 중 돌파구가 나타났다. 찰스의 전화였다. "이봐, 방금 아르헨티나 생물학자 파트리시아 곤살레스랑 이야기를 나눴는데, 붉은가슴도요 중 특별한 한 마리에 관해서 말해 주더라고. 그쪽 사람들이 1995년에 처음 포획해서 밴드를 묶은 새래. 이후에도 계속 목격했고. 다른 새들은 무수히 죽어 가는데 이 새만은 엄청나게 고된 비행을 다 견디고 살아남았다는 거야. 다리에 찬 밴드에는 B95라고 적혀 있대. 비행을 정말 많이 했기 때문에 사람들은 문버드라고 부른다는군."

빙고.

나는 1년 동안 B95의 서반구 이주 경로를 뒤쫓기로 결정했다. 시작은 아르헨티나였다. 나는 2009년 12월 아르헨티나 티에라델푸에고의 리오그란데에 도착했다. 다음에는 산안토니오 만의 라스그루타스로 옮겨서 인터뷰를 했다. 2010년 5월에는 델라웨어 만 리즈 해변으로 가서 섭금류 포획 시도에 참가하고 인터뷰도 했다. 매사추세츠 주의 마노멧 보존 과학 센터도 방문하여 조사와 인터뷰를 했다.

자료도 많이 읽었지만, 내가 배운 내용은 대부분 나 자신의 관찰과 전문가들과의 인터뷰에서 왔다. 이 새에 대해 누구보다도 많이 아는 뛰어난 과학자들에게 마음껏 접근할 수 있다는 것은 엄청난 이점이었다. 몇몇 전문가는—특히 래리 나일스와 이브 오브리가 떠오른다—자세한 인터뷰에 응했을 뿐 아니라 기나긴 이메일을 통한 수십 번의 후속 질문에도 모두 답해 주었다. 야외에서 작업하는 동안 알려 준 내용도 있었다. 내가 길게 인터뷰했던 사람들의 이름을 아래에 나열했다. 별표는 한 번 이상 인터뷰했다는 뜻이다.

*이브 오브리, 캐나다 야생동물관리국 조류학자. 앨런 베이커, 왕립온타리오박물관 자연사 부서 부책임자. 론 베르조프스키, 와코케미컬USA LAL 부서 관리자. 루시아나 세칵시, 『새라고?』의 저자. *어맨다 데이, 뉴저지 멸종위기종 및 밀렵금지종 프로그램 수석 동물학자. *찰스 덩컨, 마노멧 보존 과학 센터 섭금류 회복 프로젝트 담당자. 프랭크 '섬퍼' 아이컬리, 델라웨어 만 어부. *파트리시아 곤살레스, 이날라프켄 재단 습지 프로그램 책임자. *브라이언 해링턴, 마노멧 보존 과학 센터 생물학자. 마이크 허드슨, '붉은가슴도요의 친구들' 창설자. 프레드 레이턴 주니어, 델라웨어 만 어부. *클라이브 민턴, 빅토리아 섭금류 연구 집단. *R. I. 가이 모리슨, 캐나다 환경부 국립야생동물연구센터 수석 연구 과학자. *래리 나일스, 뉴저지 멸종위기종 및 밀렵금지종 프로그램의 전 책임자이자 '야생동물 보존단' 책임자. 퇴니스 피에르스마, 네덜란드 호로닝엔 대학 동물생태연구단 단장. 실바나 사위키, 아르헨티나 라스그루타스 '부엘로 라티투드 40' 관장. 스모키 스위클러, 뉴저지 주 리즈 해변 '스모키스' 주인. 얀 판데캄, 야생동물 사진가.

아래는 장별로 가장 중요한 자료원을 밝힌 것이다. 별도로 표시되지 않은 자료는 '참고 자료'에 수록된 문헌이나 자료를 가리킨다.

1장

내가 아르헨티나 리오그란데와 라스그루타스를 찾아가 생물학자와 자원봉사자를 인터뷰했던 내용이 이 장의 주를 이룬다.

22쪽 전체 루파 개체수의 60퍼센트에 달하는 수천 마리가. 캐나다 야생동물관리국의 가이 모리슨은 매년 소형 비행기로 낮게 날며 티에라델푸에고에서 '월동하는' 새들의 수를 센다. 모리슨의 수치에 밍간에서의 가을 개체수 조사, 미국 대서양 해변에서의 가을 개체수 조사, 그 밖에 루파가 들르는 장소들의 조사 결과를 합하여 개체수 추정치를 낸다.

27~30쪽 1995년: 검은 밴드. 앨런 베이커가 표본을 수집하지 않고 야외에서 붉은 가슴도요를 연구하기로 결심했다는 이야기는 베이커 박사와의 인터뷰에서 들었다. 1995년 2월 20일 리오그란데에서의 포획은 섭금류 생물학자들 사이에 전설이 되었다. 나중에 루파의 위기가 분명해졌을 때 싸움을 이끌 세계 각지의 주요 인물들이 그때 처음 뭉쳤다. 앨런 베이커, 퇴니스 피에르스마, 파트리시아 곤살레스, 루이스 베네가스, 클라이브 민턴 등이다. 물론 B95도 빠뜨릴 수 없다. 화약 입수의 어려움, 엄청난 포획량, 차츰 끔찍해졌던 날씨, 해군의 참여, 십대들의 지원…… 이런 요소들은 모두 전설이 되었다. 나는 위에 나열한 인물들과 모두 인터뷰한 뒤 당시의 이야기를 짜 맞췄다. 물론 쇼의 스타인 깃털 달린 주인공과는 안타깝게도 인터뷰하지 못했다.

30쪽 털갈이. 데이비드 앨런 시블리의 책에 훌륭한 그림과 함께 털갈이에 대한 설명이 있다. 내가 2009년 12월 8일 밴드 작업 도중에 옆에 앉은 앨런 베이커에게 새끼 붉은가슴도요의 깃털에 대해서 들은 내용도 추가했다. 래리 나일스는 30쪽 사진에 나온 깃털이 얼마나 닳았는지 알아보는 방법을 알려 주었다.

2장

43쪽 비결은 놀라운 보디빌딩 묘기에 있다. 붉은가슴도요의 변화에 대한 이야기는 왕립네덜란드해양연구소의 진화생물학자 퇴니스 피에르스마 박사의 연구와 캐나다 생물학자 가이 모리슨의 연구에 주로 의존했다. 모리슨 등이 쓴 논문에 변화에 대한 논의가 나와 있다. 나는 주로 두 생물학자와의 인터뷰로 내용을 이해했다.

44쪽 채찍을 휘두르는 것 같은 군무.　브라이언 해링턴의 책에 경이로운 군무에 대한 아름다운 묘사가 나와 있다.

46~48쪽 이륙.　이 가상 비행은 내가 자료에서 읽은 내용과 전문가들과의 인터뷰에 기반하여 창작한 상상이다. 사실 우리는 B95의 정확한 경로를 모른다. B95는 밍간, 델라웨어 만, 리오그란데 세 곳에 자주 들른다. 그 지점들 사이는 꽤 멀기 때문에 아마도 다른 정거장이 없지 않을 것이다. 나는 생물학자들과 논의한 끝에 북쪽으로의 비행에는 산안토니오와 라고아두페이시를, 남쪽으로의 비행에는 마라냥을 연료 보급 정거장으로 추가했다. 이전 정거장과의 거리, 다른 붉은가슴도요들의 습성, 먹이의 유무에 기반하여 추측한 내용이다.

48~51쪽 비행하는 나침반.　데이비드 앨런 시블리의 책과 스콧 바이덴자울의 책에 새들이 어떻게 하늘에서 방향을 찾고 위치를 확인하는지 잘 나와 있다.

3장

63~67쪽 5월 중순 보름달 뜬 밤.　델라웨어 만에 루파와 투구게가 동시에 나타나는 현상에 대해서는 많은 논의가 있다. 제일 훌륭한 것은 영화 '붕괴: 두 종 이야기'이다. 스콧 바이덴자울의 책과 브라이언 해링턴의 책도 보라.

67~69쪽 1979년: 봄의 딜레마.　브라이언 해링턴과 린다 레디가 1979년 리즈 해변에 갔던 이야기는 2010년 브라이언 해링턴과의 인터뷰에서 들었다. 윌리엄 사전트의 책에도 나온다.

70~74쪽 고대의 기부자.　윌리엄 사전트의 『투구게 전쟁』이 주 자료였다. 투구게의 역사, 활용, 보건에의 기여를 두루 잘 다룬 연구서이다.

73쪽 용해질 채취 시설에서 피 흘리는 투구게들.　이 주제에 관해 가장 많은 정보를 얻은 인터뷰는 와코케미컬USA의 LAL 부서 관리자 론 베르조프스키 박사와의 대화였다.

74~78쪽 뉴저지 메이 곶, 이른 아침.　미끼 어업이 델라웨어 만 투구게 개체수에 미치는 영향에 대해서는 많은 글이 있다. 나는 숫자를 늘어놓지는 않으려고 했다. 가령 투구게가 얼마나 많이 잡혔는지, 얼마나 남았는지, 섭금류 보존이 목적일 경우 델라

웨어 만의 지속 가능한 투구게 개체수는 얼마인지 등등. 내 목적은 투구게를 단지에 미끼로 넣어 물에 담금으로써 뱀장어와 고둥을 잡는 어업 관행을 묘사하는 것이었다. 나는 또 독자에게 시장에 대해서, 그리고 규제가 적용되기 전 투구게 열풍이 얼마나 대단했는지에 대해서 알려 주고 싶었다. 어부들의 관점을 이해하기 위해서는 만의 뉴저지 쪽에서 어부들을 위한 용품점 및 정박지를 운영하는 스모키 스위클러, 베테랑 어부인 프레드 레이턴 주니어, 프랭크 '섬퍼' 아이컬리와 대화를 나누었다. 래리 나일스, 클라이브 민턴, 앨런 베이커도 인터뷰 중에 이 주제에 관해 이야기해 주었다.

4장

이 장은 2010년 5월 21~23일 내가 직접 델라웨어 만 뉴저지 쪽을 방문했던 경험을 바탕으로 썼다. 나는 운 좋게도 5월 22일에 그곳에 있어서 포획이 성공하는 것을 목격했다. 포획은 이런저런 이유로 흐지부지될 수 있다. 그물 앞 해변에 새들이 충분히 모이지 않는 날도 많고 날씨가 너무 나쁠 때도 있다. 그러나 그곳에 모인 사람들은 대단히 능숙한 팀이었고, 날씨는 근사했다. 내가 묘사한 많은 기법은 클라이브 민턴 박사와 험프리 시터스가 오랫동안 끈기 있게 개발한 것이다. 그들의 경험과 지식은 복잡한 작전에 속속들이 반영되었다. 래리 나일스는 아름다운 계획을 잘 지휘했고, 어맨더 데이 박사는 사전에 자원봉사자들에게 작전의 매 단계를 참을성 있게 가르쳐 주었다. 그물이 발사되었을 때 우리 모두는 대비가 잘되어 있었다.

98쪽 델라웨어 만에서 목격된 B95. 웹사이트 www.bandedbirds.org는 과학자들과 숙련된 새 관찰자들이 밴드 찬 새를 목격했을 때 보고하는 공간이다. 1995년부터 관찰자들은 포획한 새에게 색깔 표시가 된 밴드를 채웠다. 고유의 알파벳-숫자 조합이 새겨진 밴드도 많다. 그 덕분에 대서양 해안에서의 목격을 기록한 방대한 데이터베이스가 탄생했다. 그 데이터를 통해서 우리는 섭금류의 이주 경로, 둥지 트는 장소, 월동지를 더 잘 이해할 수 있다. 웹사이트에는 밴드 묶은 새를 보았을 때 보고하는 방법도 설명되어 있다. 'Public Search' 링크를 누르면 정확한 종과 플랙 색깔을 선택할 수 있고, 그다음에 기호를 입력하면 그 새가 어디에서 밴드를 찼고 달리 또 어디에서 목격되었는지 알 수 있다.

5장

브라이언 해링턴의 책에는 붉은가슴도요 루파의 북극 생활에 관한 아름다운 묘사가 나온다. 이 장의 내용은 그 글에 많이 의존했다. 좀 더 최근의 연구 활동에 관한 정보는 래리 나일스와 어맨더 데이 박사에게 얻었다. 그들은 지난 10년 가까이 캐나다 북극권에서, 특히 사우샘프턴 섬에서 붉은가슴도요를 연구했다. 영화 '붕괴: 두 종 이야기'에서 그 놀라운 장소를 엿볼 수 있다.

105쪽 번식 준비. 이 박스의 내용은 주로 퇴니스 피에르스마와의 긴 전화 통화에서 왔다. 피에르스마는 네덜란드의 진화생물학자로, 붉은가슴도요가 생애의 특정 단계에서 겪는 놀라운 생리적 변형을 연구한다.

6장

120쪽 사라진 붉은가슴도요 수수께끼. 이 수수께끼는 브라이언 해링턴의 책에 언급되어 있다. 밍간의 중요성에 대한 인식이 커졌다는 사실은 주로 이브 오브리와의 인터뷰에서 알았다.

121~123쪽 새끼의 첫 여행. 나는 폭넓은 자료에서 얻은 정보를 바탕으로 하여 캐나다 북극권과 밍간 사이의 가상 비행을 서술했다. 붉은가슴도요가 암컷, 수컷, 새끼 집단으로 나뉘어 도착한다는 사실은 앨런 베이커, 어맨다 데이, 이브 오브리 같은 과학자들과의 인터뷰를 통해 알았다. 다만 어떤 생물학자들은 어른 새도 몇 마리쯤 뒤에 남아 새끼들을 안내한다고 본다. B95가 첫해에 이 여행을 했으리라는 가정은 그가 2006년에서 2010년까지 매년 밍간에 나타났다는 사실에서 짐작할 수 있다. 이브 오브리는 새들이 날 때 보는 풍경에 관한 시각적 이미지를 구축하는 데 도움을 주었다. 내게 지도와 사진을 주었고, 새들의 비행에 대해 전화로 이야기를 나눠 주었다.

126쪽 헵스트 소체. 헵스트 소체는 해링턴의 책 주석에 설명되어 있다.

7장

137~141쪽 지오로케이터. 래리 나일스의 논문, 그리고 샌디 바우어가 「필라델피아 인콰이어러」에 기고한 기사를 보라. 지오로케이터가 장거리 이동 섭금류 추적에 획기적인 돌파구가 되었다는 내용을 다룬 기사이다. 래리 나일스와의 인터뷰로 정보를 보충했고, 나일스의 블로그 '전망 좋은 시골뜨기'에서도 정보를 얻었다.

144쪽 새들의 목적지는 아마존 강 하구에 가까운 브라질의 해안. 밍간에서 마라냥까지, 다시 리오그란데까지의 가상 비행은 B95가 늘 밍간에서 남쪽으로 출발한다는 사실을 바탕으로 추측한 것이다. 밍간에 들른 새들은 대개 해안을 따라 남쪽으로 내려오는 대신 대서양을 건너는 편을 택한다. 마라냥이 남행하는 붉은가슴도요들의 정거장이라는 사실은 잘 밝혀져 있으므로, 나는 B95를 그곳으로 보냈다. 우리는 또 B95가 리오그란데에서 겨울을 난다는 사실을 알고 있으므로, 나는 B95가 마라냥에서 그곳까지 논스톱으로 비행한다고 가정했다. 남행하는 섭금류가 대서양 상공에서 겪어야 하는 비바람에 대한 정보는 1954년 출간된 프레드 보즈워스의 『최후의 마도요』에서 얻었다.

8장

나는 1977년부터 '국제자연보호협회'에서 보존 활동가로 일했다. 우리 단체의 일은 생물들의 생존에 필요한 땅과 물을 보호함으로써 생명을 보존하는 것이다. 현재 나는 브리티시컬럼비아 주 중앙 해안에 초점을 맞추어 일한다. 큰곰 밀림이라고 불리는 마법적인 장소다. 일하다 보면 회색곰, 늑대, 수리, 혹등고래 등등 많은 동물을 보게 된다. 우리는 지역 주민들과 힘을 합쳐 일한다. 특히 캐나다 원주민인 헤일트석, 깃갓 사람들과 협력하여 젊은이들이 캠프, 교과과정, 여름 인턴십을 통해 자연에 대해 배울 기회를 늘리려고 애쓰고 있다.

156~157쪽 희망을 품을 이유는 있다.   보존 노력의 성공에 관한 정보는 마노멧 보존 과학 센터의 찰스 덩컨과의 인터뷰에서 주로 얻었다.

160쪽 멸종이라는 새로운 개념.   이 상자의 내용은 주로 2011년 2월 3일 「뉴욕 타임스」에 실렸던 리처드 코니프의 기사 '영영 사라지다'에서 얻었다.

참고 자료

이 책을 쓸 때 많은 웹사이트, 논문, 영상, 책을 참고했다. 다음은 그중에서도 유용했던 자료들이다.

책

Bodsworth, Fred. *Last of the Curlews*. New York: Dodd, Mead & Company, 1954. Reissued April 2011.

에스키모 마도요라는 섭금류의 최후의 개체를 주인공으로 삼은, 우아하고 고전적인 픽션. 에스키모 마도요는 한때 수가 많았지만 지금은 아마 멸종했을 것이다.

Harrington, Brian, with Charles Flowers. *The Flight of the Red Knot*. New York: W. W. Norton and Company, 1996.

아름다운 글과 가슴 설레는 사진이 가득한 책. 해링턴은 섭금류 생물학자로 살아온 수십 년의 경험에서 얻은 통찰을 책에 채웠다.

Heinrich, Bernd. *Why We Run: A Natural History*. New York: HarperCollins, 2001.

'왜 인간은 장거리를 뛰는가'에 관한 책인데, 철새에 관한 매혹적인 장이 있다.(한국어판은 『우리는 왜 달리는가』, 정병선 옮김, 이끼북스, 2006-옮긴이)

Matthiessen, Peter. *Wildlife in America*. New York: Viking Press, 1964.

1960년대까지 미국의 멸종위기종들을 상세하게 조사한 자료. 물새에 관한 대목이 유용하다.

Morrison, R.I.G., and R. K. Ross. *Atlas of Nearctic Shorebirds on the Coast of South America, Volumes 1 and 2*. Ottawa: Canadian Wildlife Service, 1989.

모리슨과 로스가 남아메리카 해안을 날았던 1982~86년 역사적 비행에서 얻은 결과가 지도와 텍스트로 담겨 있다. 남아메리카 섭금류 밀집 장소에 대한 중요한 지식은 이 비행에서 나온 것이 많다.

Saint-Exupéry, Antoine de. *Night Flight*. New York: Harcourt, 1932.

고전 『어린 왕자』로 잘 알려져 있지만, 생텍쥐페리는 선구적인 비행사이기도 했다. 1930년대에 생텍쥐페리는 파타고니아의 소도시들에 비행기로 우편물을 날랐다. 장치도 변변치 않은 작은 비행기로 안데스 산맥도 자주 넘었다. 이 책『야간 비행』에는 용감한 주인공 파비안, 그리고 비행의 마법과 공포에 대한 아름다운 문장들이 나온다.(한국어판이 여러 출판사에서 나와 있다.-옮긴이)

Sargent, William. *Crab Wars*. Hanover, N.H.: University Press of New England, 2002.

투구게의 역사를 철저히 다룬 책으로 델라웨어 만의 보존 문제도 소개된다.

Sibley, David Allen. *The Sibley Guide to Bird Life and Behavior*. New York: Knopf, 2001.

새들의 행동을 이해할 수 있는 좋은 출발점.

Stout, Gardner D., ed. *The Shorebirds of North America*. New York: Viking Press, 1967.

로버트 베리티 클렘의 근사한 수채화가 잔뜩 실린 이 두꺼운 책은 오랫동안 섭금류에 대한 경전이나 마찬가지였다. 내게는 특히 상업용 사냥에 관한 논의가 유용했다.

Weidensaul, Scott. *Living on the Wind: Across the Hemisphere with Migratory Birds*. New York: North Point Press, 1999.

철새의 이주에 관한 멋진 연구.

기사, 과학 논문

Baker, Allan J. "The Plight of the Red Knot." *ROM Magazine*, Spring 2008, pp. 19~23.

붉은가슴도요의 생태, 이동 경로, 개체수 감소를 2008년 시점까지 개관한 자료.

Bauers, Sandy. "Geolocators Show Red Knots' Flights Extraordinary."
Philadelphia Inquirer, August 11, 2010.
지오로케이터를 단 최초의 붉은가슴도요들에게서 얻은 데이터의 결과를 소개한 기사.

Gatowski, Meredith, ed. "Birding for Banded Shorebirds: The Basics—Updated!" *WHSRNews*, September 10, 2010.
밴드 작업에서 해도 되는 일, 해서는 안 되는 일, 그 방법을 알려 주는 유용한 지침.

Gill, Robert E., Jr., et al. "Extreme Endurance Flights by Landbirds Crossing the Pacific Ocean: Ecological Corridor Rather Than Barrier?" *Proceedings of the Royal Society*, vol. 276, pp. 447~457.
철새는 순풍이 부는 유리한 기후에 맞추어 출발 시점을 정하는 것일까? 이 논문에서 답을 찾아보라.

Moore, Robert. "Stemming the Tide: Shorebird Recovery in the 21st Century." *Birding*, vol. 41, no. 2, March 2009.
서반구 섭금류의 위기에 관한 개관.

Morrison, R.I.G., Allan J. Baker, Larry J. Niles, Patricia M. González, and R. Ken Ross. "Cosewic Assessment and Status Report on the Red Knot Calidris canutus in Canada." COSEWIC Secretariat, 2007.
붉은가슴도요의 생활사와 보존 위상에 관한 철저하고 상세한 연구.

Niles, Lawrence J., et al. "First Results Using Light Level Geolocators to Track Red Knots in the Western Hemisphere Show Rapid and Long Intercontinental Flights and New Details of Migration Pathways." *Wader Study Group Bulletin*, vol. 117, no. 2, 2010.
초경량 지오로케이터로 붉은가슴도요의 이주를 추적할 수 있게 된 혁신을 상세히 소개한 보고서.

인터넷과 멀티미디어 자료

코넬 대학교 조류학 연구실.

붉은가슴도요가 어떻게 우는지 듣고 싶은가? 코넬 대학교 조류학 연구실 웹사이트 www.allaboutbirds.org로 가 보라. 새 안내에 'red knot'이라고 입력하고 'sound'를 클릭하라. 짜잔! 칼리드리스 카누투스 루파에 관한 흥미로운 사실이 많이 제공되어 있다.

'붕괴: 두 종 이야기 Crash: A Tale of Two Species.'

앨리슨 아고가 제작한 60분짜리 인상적인 영상은 PBS 텔레비전 시리즈 '네이처'에 소개되었다. 델라웨어 만에 붉은가슴도요 루파와 투구게가 동시에 찾아드는 현상, 그리고 두 종의 갑작스런 감소를 소개했다. 아고필름과 서틴/WNET뉴욕이 공동 제작했다. DVD로 구입할 수 있다.

'델라웨어 만 블루스 The Delaware Bay Blues.'

나는 4장에서 이야기한 2011년 5월 22일 밤, 하루 종일 밴드 작업을 마친 뒤 이 곡을 썼다. 저녁 식탁에서 우리는 붉은가슴도요가 되면 어떤 기분일까 하고 이야기하기 시작했다. 며칠 밤낮 논스톱으로 비행한 끝에 델라웨어 만에 가까워졌는데 연료가 떨어져 가는 기분은 과연 어떨까? 기타가 등장했다. 누군가 "난 알이 필요해!"라고 외쳤다. 내가 나머지 곡을 쓰고 녹음했다. CD 다운로드를 원한다면 www.cdbaby.com에서 제목 'The Delaware Bay Blues'를 입력하라.

'붉은가슴도요의 친구들 Friends of the Red Knot.'

미국 메릴랜드 주 볼티모어 그린마운트 학교의 학생들이 붉은가슴도요의 생존을, 특히 델라웨어 만에서의 생존을 돕기 위해 결성한 모임. 활동에 관해서는 페이스북 friendsoftheredknot을 참고하라.

'전망 좋은 시골뜨기 A Rube with a View (www.arubewithaview.com).'

붉은가슴도요가 현재 어떤 상태인지 최신 소식을 알고 싶다면, 또한 새의 자연사에 관해 더 많이 알고 싶다면, 이 블로그를 능가할 곳은 없다. '뉴저지 멸종위기종 및 밀렵금지종 프로그램'을 지휘했던 래리 나일스 박사는 붉은가슴도요 루파를 구하기 위해 최전선에서 싸우고 있다. 그와 아내 어맨더 데이 박사는 새들을 따라 서반구 전역을 누비면서 새들과 투구게가 처한 위기를 기록하고 그들을 보존하는 데

최선을 다하고 있다. 래리의 블로그는 재미있고, 생각할 거리를 주고, 정보가 풍부하다.

'세계 섭금류 뉴스 블로그 World Waders News Blog.'
　웹사이트 www.worldwaders.wordpress.com에서 전 세계 섭금류 소식을 읽을 수 있다.

감사의 말

이 책의 집필을 도운 분들은 B95의 서반구 일주 경로를 따라 어디에나 포진해 있다. 그중에는 생물학자가 많다. 우리는 과학자라고 하면 흰 실험실 가운을 입은 실내형 인간을 떠올리지만, 내가 책을 쓰면서 만난 과학자들은 강인하고 모험적이고 실내에서나 야외에서나 똑같이 편하게 느끼는 사람들이었다. 그들은 새들이 있는 곳에 발견이 있다고 믿는다. 만일 그것이 지구 꼭대기나 바닥처럼 외딴 장소로 여행하고, 무거운 장비를 오랫동안 끌고, 한밤중에 손전등 불빛으로 새에게 밴드를 묶고, 사나운 바람 속에 포획망을 설치하려고 애쓰는 것이라면, 그들은 기꺼이 그렇게 한다.

앨런 베이커와 파트리시아 곤살레스에게 감사한다. 그들은 나를 아르헨티나로 초청하여 밴드 묶는 법, 포획하는 법, B95, 기타 등등에 대해 많이 가르쳐 주었다. 앨런은 밴드 작업 도중에 새의 털갈이에 관한 지식을 끈기 있게 나눠 주었다. 파트리시아는 물새를 제대로 쥐는 방법을 알려 주었고, 내가 조금이라도 틀리면 결코 참지 않았다. 루이스 베네가스는 리오그란데에서 나를 안내해 주었다. 물새에 대한 그의 헌신에도 감사한다. 그라시엘라 알시나(모두들 '가치'Gachi라고 부르지만), 마우리시오 파이야, 세드릭 주이에는 너그럽게 시간을 내어 자신들의 열정을 나와 공유해 주었고, 이것저것 가르쳐 주었다. 라스그루타스에서는 실바나 사위키와 딸 루시아나 세칵시가 독특하고 영감 어린 '부엘로 라티투드 40'을 소개해 주었다.

래리 나일스와 어맨다 데이는 리즈 해변의 노란 집에서 나를 환영했다. 밴드 작업을 함께 하자고 초대해 주었고, 무수한 질문에 답해 주었다. 더구나 래리는 자신의 책 『델라웨어 만에서의 삶』에 수록된 연구 자료를 너그럽게 제공해 주었다. 루파를 이해하고 구하려는 래리의 열정과 에너지는 내게 귀감이다. 험프리 시터스와 지넌 파빈의 격려에도 감사한다. 클라이브 민턴은 붙잡을 수 없는 새들을 붙잡는 방법을 고안한 천재로서 적어도 세 세대의 새 관찰자들에게 영감과 가르침을 주었다. 나는 그중 한 명이라는 사실이 자랑스럽다. 마이크 허드슨의 노력과 도움에 감사한다. '붉은가슴도요의 친구들'을 조직한 15세의 마이크는 내게 더없는 귀감이다.

스모키 스위클라, 프레드 레이턴 주니어, 프랭크 '섬퍼' 아이컬리에게 감사한다. 델라웨어 만에서 어업으로 생활하는 그들은 자신들만의 지식과 관점을 나눠 주었다.

네딜란드의 퇴니스 피에르스마 교수에게 감사한다. 세계 최고의 섭금류 전문가로 꼽히는 그는 내 질문에 전화로 답해 주었다. 그는 붉은가슴도요에 대해 워낙 많이 알기 때문에, 그의 이름을 따서 칼리드리스 카누투스 피에르스마이라는 아종이 있을 정도다.

얀 판더캄의 도움과 작업에 감사한다. 네딜란드 사진가인 그는 40년 가까이 세계를 누비면서 물새들을 기록하여 세계 최고의 자연 사진 컬렉션을 구축했다. 특히 B95의 아름다운 클로즈업 사진을 찍고 공유해 준 데 대해 감사한다.

가이 모리슨에게 감사한다. 그는 켄 로스와 함께 남아메리카 해안을 날면서 중요한 섭금류 기착지를 발견하고 개체수를 셌으며, 붉은가슴도요를 꾸준히 헤아리고 연구했다. 또한 내 질문에 참을성 있게 답해 주었다. 그와의 인터뷰를 정리하니 29쪽이나 되었다.

밍간에서는 이브 오브리가 원고를 읽고 평가해 주었고, 북극 툰드라에서 밍간까지의 가상 비행을 묘사할 수 있도록 지리 정보를 제공해 주었다. 또한 수백 가지 질문에 참을성 있게 답해 주었다.

투구게 채혈에 관한 정보와 사진을 제공한 용해질 전문가 론 베르코프스키 박사에게도 감사한다.

루파에 관한 지식에 누구보다 많이 기여한 브라이언 해링턴은 여러 차례 길게 인터뷰해 주었다. 브라이언이 그토록 오랫동안 연구하고, 발견하고, 탐사하고, 그 내용을 기록해 둔 데 대해 깊이 감사한다. 브라이언과 아내 마사 셸던은 뛰어난 사진가 데이비드 트위철의 사진 중에서 사용할 것을 고르는 일도 거들었다. 마노멧 보존 과학 센터와 함께 일하는 트위철은 너그럽게도 자신의 사진을 책에 쓰도록 허락했다. 마노멧 센터의 직원들에게도 고맙다. 특히 마사 셸던과 수 체임벌린은 귀중한 지지와 격려를 보내 주었다.

친애하는 친구 찰스 덩컨은 B95라는 개체의 사연을 통해 이 경이로운 철새들의 곤란을 기록할 수 있을 것이라고 장담하면서 책의 아이디어를 제공했다. 찰스의 든든하고 창조적인 지원은 지금까지 이어지고 있다. 찰스가—파트너들과 함께—루파를 살리는 활동의 지원금으로 200만 달러 가까이 모은 데 대해 경의를 표한다.

멜라니 크루파는 내 오랜 친구이자 편집자로서 모든 초안의 모든 페이지를 읽어 주었다. 멜라니에게는 아무리 감사해도 부족하다. 이번에도 샤론 맥브라이드가 편집을 도와준 것도 고맙다. 패러스트라우스지루 출판사 청소년팀의 능숙한 제작자들, 특히 부편집장 베스 포터와 수석 디자이너 로버타 프레슬의 지지와 솜씨와 격려에 감사한다. 내가 몸담은 '국제자연보호협회'의 동료들, 특히 리처드 저, 섀넌 마틴, 마이크 파머의 지지와 격려와 북반구에서의 인맥, 그리고 내가 책을 쓰는 동안 내 일까지 맡아 준 것에 대해 감사한다. 내 일을 이모저모 지원해 준 어린이책 마케팅 회사 '큐리어스 시티'의 크리스틴 캐피에게도 고맙다.

비할 데 없이 멋진 두 딸 해나와 루비는 이 책과 주인공에 대해서 자주 묻고 내 대답에 귀 기울였다. 부디 그들도 붉은가슴도요 루파와 함께 세상을 살아갈 수 있기를. 아내 샌디 상트조르주는 내가 모든 글을 소리 내어 읽는 것을 들어 주었고, 내 마음에 상처를 주지 않으려고 노력하면서 비평했으며, 내가 B95의 비행길을 따라 아르헨티나 등지로 여행할 때 동반했다. 샌디와 함께 삶을 뚫고 나아가는 것은 내게 큰 기쁨이다.

필립 후즈

노동하는 새 '문버드'를 위해

맡고 있는 잡지의 커버스토리를 기획하는데, 담당 기자가 새를 아이템으로 들고 왔다. 마침 새로운 연구 결과도 나왔다고 했다. 우리가 언제 새에 대해 정색하고 살펴본 적 있던가. 더 생각할 것도 없이 그러자고 했다. 아름답고 연약하고 다채롭고 영리한, 새의 모든 면이 머릿속을 스쳤다. 하지만 막상 기획안을 보니 고민이 됐다. 흥미로운 연구 성과 등 새의 이런저런 면모가 다양했지만, 전체를 아우르는 하나의 주제가 부족했다. 한참을 고민한 끝에 하나의 심상心象을 떠올렸다. 반구의 거의 끝에서 또 다른 끝을 잇는 극단적으로 긴 여정과 그에 따른 험난함을, 오직 가냘픈 날갯짓 하나로 극복해 내는 모습이었다. 폭우를 뚫고 바람에 맞서며 철새는 예정된 여행지에 오차 없이 도달한다. '새는 강하다, 지구의 그 어느 동물보다.' 새는 도전자이고 고난의 삶을 영위하는 자이며, 무엇보다 생존자였다. 자연스레 이런 강함이 어디에서 왔는지 의문이 따라왔다. 커버스토리의 주제는 '새는 왜 강한가?'가 됐다.

하지만 이 책 『문버드』를 읽으며 새의 강함에 대해 다르게 생각하게 됐다. 강하지 않다는 것은 아니다. 남미의 끝 파타고니아에서 북미의 끝 캐나다 사우샘프턴 지역까지 왕복 29,000킬로미터를 매해 나는데 어찌 약하다 할 수 있을까. 하지만 이들의 강함은 거센 외풍에 도전하고 맞서 싸워 이기는 그런 강함과는 거리가 멀었다. 오히려 작가 알베르 카뮈가 에세이에서 묘사한, 가없는 노동 조건에 내던져진 신화 속 시시포스의 강함과 닮았다. 시시포스는 바위를 굴려 올리면 곧바로 다시 나락으로 떨어지는 가혹한 형벌을 받았다. 해냈다 싶으면 늘 원점에서 다시 시작해야만 하는 허망한 노동의 형벌이다. 목숨을 내놓을 수도 있을 만큼 위험하고 힘겹기도 하다. 시시포스는 이 극복할 수 없는 시련의 반복을 정면으로 부딪치며 견딘다. 나아질 거란 희망이 없음에도, 그는 그 상황에서 웃는다. 웃는 시시포스에게는 거친 운명을 심상한 것으로 바꿔 버리는 그런 강함이 있다.

붉은가슴도요의 강함은 바로 이런 종류다. 철새에게, 비행은 도전이 아니라 힘겨운 일상이며 생존을 위해 버텨야 할 강제적인 운명이다. 바다로 추락할 위험부터 날개가 해져 양력을 받지 못할 위험, 폭우에 휩쓸릴 위험까지 다양한 고난이 몸무게 0.1킬로그램의 작은 새를 위협한다. 하지만 안락한 곳에서 편히 쉴 선택지는 없다. 그런 낙원은 인간에게도, 새에게도 없다. 추위와 배고픔은 사시사철 주위를 육박해 온다. 그 결과 새는 오직 먹고 살고 번식하기 위해, 상상을 초월한 장거리 비행에 온몸을 맡긴다. 비행 뒤에 기다리는 것은 오직 다음 비행을 위한 준비뿐이다.

그리고 여기, 시시포스 중의 시시포스가 있다. 혼자서 이런 비행을 20년 넘게 한 붉은가슴도요다. 이름도 없다. 1995년, 연구자가 발목에 붙여 준 인식표에 적힌 'B95'라는 세 글자가 식별할 수 있는 전부다. 애틋했던지, 과학자들은 이 새에게 '문버드'(달새)라는 별명을 붙여 줬다. 달에 거의 다녀왔을 만큼 긴 거리를 날았다는 뜻에서다. 책이 집필된 이후인 2015년 3월에도 이 새가 목격됐다는 소식이 저자의 홈페이지에 올라온 것으로 봐서, 이 새의 노동은 쉽사리 끝나지 않을 것 같다. 과연 언제까지 이 노동이 이어질지, 수많은 연구자와 철새 애호가들의 관심이 이어지는 이유다.

가혹한 노동을 묵묵히 해내기로는 이력이 나 있는 문버드지만, 지금은 다른 위협에 시달리고 있다. 그나마 노동을 가능하게 돕던 많은 것들이 사라져 가고 있다. 문버드는 '철'鐵새가 아니므로 14,000킬로미터를 한달음에 나는 게 아니라 몇 번에 걸쳐 쉬어 가며 난다. 중간 기착지에서 이들은 홀쭉해진 몸에 먹이를 채우고 쉬며 기력을 회복한다. 그런데 그런 지역이 인류의 개발과 생물 남획으로 망가지고 있다. 쉴 공간이 사라지고 먹이가 될 생물이 준다. 낯선 이야기는 아니다. 한국에서도 수많은 철새 도래지가 개발로 바뀌거나 사라지고 있다. 서해의 갯벌과 남해의 습지, 강 하구 등이 하나둘 간척되거나 도시로 변했다. 지역의 입장에서는 새들이 찾아오건 말건 큰 상관이 없을지 모르지만, 바위를 굴리는 심정으로 겨우겨우 날갯짓을 해 쉴 곳을 찾아온 새의 입장에서는 지상의 공사가 목숨이 오가는 일대 사건이다. 실제로 전문가들은 초대형 간척 사업인 새만금 사업 이후, 이 지역의 갯벌을 중간 기착지로 삼던 도요새와 물떼새 무리가 상당수 죽었을 것이라고 추정하고 있다. 2014년 「경향신문」 보도에 따르면, 이 지역을 찾는 대표적인 철새인 붉은어깨도요의 수는 1990년대 후반 하루 12만 마리에서 최근 7만 마리로 줄었다. 이들이 다른 지역을 찾아갔다는 증거는 아직까지 없다. 줄어든 새의 수는 아마 죽은 새의 수와 일치할 것이다.

몇 해 전, 한강 하구 일대를 새 전문가와 찾은 적이 있다. 큰기러기가 많이 찾는 곳이라고 했다. 하지만 그곳에서 만난 한 지역 주민은 "철새는 끝났다"며 혀를 끌끌 찼다. "어렸을 때만 해도 여기 고니, 백로 등 별 새가

다 있었어. 그런데 지금은 큰 새는 다 없어졌어. 여기저기 개발하느라 물가 모래를 파는 바람에 흙탕물이 내려오잖아. 새들이 먹을 게 없어졌어. 예전엔 조개가 많아서 그걸 먹었는데, 먼지로 더께가 내려앉아 다 죽었어. 새들도 떠났어."

역시 지역 주민이기도 한 새 전문가는 예전에는 기러기를 '삭금'朔禽이라고 불렀다고 했다. '달을 가리는 새'라는 뜻이다. 밝은 보름달을 배경으로 목이 길고 큰 새가 우아하게 나는 모습에서 나온 별명이다. 이유는 다르지만 이 역시 '문버드'다. 지금, 문버드는 위험에 빠져 있다. 한국의 큰기러기는 '멸종위기야생동물 2급'으로 지정돼 있고, B95의 동료들인 붉은가슴도요 루파는 80퍼센트가 사라졌다. 20년 넘게 마라톤을 거듭하고 있는 우리의 주인공 B95는 어떨까. 시시포스의 노동을 계속할 수 있을까.

* * *

이 발문을 막 마친 순간, 철새는 아니지만 새(까치)를 연구하는 교수에게 메일이 왔다. 겨우내 근방의 까치가 알을 낳고 일부는 부화를 했지만 영기운을 못 차리다가 죽어 안타깝다는 내용이었다. 까치는 새끼 때 먹이가 부족하면 어른 새가 될 때까지 잘 살지 못한다. 먹이가 부족한 원인은 주변의 공사로 짐작됐다. 건물이 들어서면서 까치 둥지도 줄고 먹이도 구하기 힘들어졌다. 똑같은 일은 도처에서 벌어지고 있다. 이들의 목숨이 우리의 관심 여부에 달렸다는 말은, 상투적이지만 진실이다.

윤신영, 「과학동아」 편집장, 『사라져 가는 것들의 안부를 묻다』 저자

그림 출처

Yves Aubry, Canadian Wildlife Service 116, 124

Luis G. Benegas 148, 174

Gregory A. Breese, U.S. Fish and Wildlife Service 34(위), 34(중간)

Canadian Wildlife Servece, Yellowknife, Canada 109

Delaware Public Archives 72

Dover Post 97

ⓒJfenton@NatureandWings.com 46, 55

Courtesy of Patricia M. González 33

Ken Gosbell 38

ⓒSteven Holt/VIREO 84

Phillip Hoose 88, 159(왼쪽), 168, 171, 173

Gail Hudson 159(오른쪽)

Victoria Johnston 108(왼쪽)

Kevin Kalasz, Delaware Division of Fish and Wildlife 34(아래)

Courtesy of Clive Minton 39

Arthur Morris/BIRDSASART.COM 8, 14~15, 50

Courtesy of Guy Morrison, Environment Canada 58, 130, 131

Larry Niles 30, 112

Courtesy of NOAA 138

Parks Canada—A. Nevert 128

Mark Peck 152, 162, 204

Jennie Rausch 107, 108(오른쪽)

Alain Richard 125

Joel Sartore/joelsartore.com 126

ⓒWill J. Sooter/www.sharpeyesonline.com 56

Courtesy of Sandi Ste.George 23

Derek Stoner 165

David C. Twichell, courtesy of Manomet Center for Conservation Sciences 24, 25, 29, 30, 45, 48, 53, 54(위), 54(아래), 62, 65(위), 65(중간), 65(아래), 71, 79, 81, 92, 94, 95, 99, 154, 156, 172, 176, 190

ⓒJan van de Kam, NL 3, 7, 35, 89, 102, 106, 134, 137, 142, 164, 표지

찾아보기